科普知识博览·兵器百科

QIANG XIE

王经胜 /编著

Science Book

图书在版编目（CIP）数据

枪械 / 王经胜编著 .-- 北京：北京联合出版公司，2013.9（2022.1重印）

（科普知识博览·兵器百科）

ISBN 978-7-5502-1898-7

Ⅰ . ①枪… Ⅱ . ①王… Ⅲ . ①枪械—普及读物 Ⅳ . ① E922.1-49

中国版本图书馆 CIP 数据核字（2013）第 215562 号

枪 械

编　　著：王经胜
选题策划：天昊书苑
责任编辑：孙志文
封面设计：尚世视觉
版式设计：程　杰

北京联合出版公司出版
（北京市西城区德外大街 83 号楼 9 层　100088）
北京一鑫印务有限责任公司印刷　新华书店经销
字数 100 千字　710 毫米 ×1092 毫米　1/16　12 印张
2013 年 10 月第 1 版　2022 年 1 月第 3 次印刷
ISBN 978-7-5502-1898-7
定价：49.80 元

未经许可，不得以任何方式复制或抄袭本书部分或全部内容
版权所有，侵权必究
本书若有质量问题，请与本公司图书销售中心联系调换。

前言
Preface

　　青少年是我们国家的未来，是实现中华民族伟大复兴的主力军。对于青少年来说，他们正处于博学求知的黄金时期。除了认真学习课本上的知识外，他们还应该广泛吸收课外的知识。青少年所具备的科学素质和他们对待科学的态度，对他们未来的成长会有深远的影响。因此，对青少年的科普教育和普及是极为必要的，这不仅可以丰富他们的学习、增加他们的想象力和思维能力，而且可以开阔他们的眼界、提高他们的知识面和创新精神。

　　本套《科普知识博览》丛书属于趣味型科普丛书，这是一套专为青少年量身打造的科普读物，它向读者展示了一个生动有趣的科普世界。翻开本套丛书，你会发现：科普知识不再如课本里讲述的那样乏味枯燥，而是变得鲜活、生动起来；科普知识不再是抽象的定理和公式，而早已渗透到我们生活的方方面面。通过这些富有神秘性、趣味性的知识话题，来满足读者的求知欲与好奇心。

　　本套系列书为了迎合广大青少年读者的阅读兴趣，配有相应的图文解说和介绍，多元素图文并茂的编排方式，再加上简约、大方的版式设计让人赏心悦目，使本书的知识内容变得更加的鲜活亮丽。在提高青少年感观效果的阅读时，享受这科普世界无穷无尽的乐趣。

Contents 目录

科普知识博览·兵器百科

第一章
枪械的起源与发展

传说的希腊之火 …………………003
火药火器的发明 …………………007
枪械的发展 ………………………028

第二章
二战时世界枪械集锦

美国枪械 …………………………041
日本枪械 …………………………052
德国枪械 …………………………068
苏联枪械 …………………………072
英国枪械 …………………………076

第三章
中国枪械集锦

50式7.62毫米冲锋枪 ………087
56式冲锋枪 …………………088
67式机枪 ……………………099
79式7.62毫米冲锋枪 ………101
81式枪族 ……………………110
85式7.62毫米狙击步枪 ……116
86式自动步枪 ………………119
87式5.8毫米自动步枪 ………121

Contents 目录

科普知识博览·兵器百科

88 式 5.8 毫米枪族 ……………125

92 式 5.8 毫米战斗手枪 ……………129

95 式 5.8 毫米班用轻机枪 ……………133

国产新型 9 毫米冲锋枪 ……………134

第四章
狙击手的基本知识

狙击手的起源 ……………139

狙击手的装备 ……………142

狙击手的训练 ……………143

第五章
世界著名狙击手

中国狙击手张桃芳 ……………155

澳大利亚狙击手沈比利 ……………163

芬兰狙击手西蒙 ……………170

美国狙击手查克 ……………176

伊拉克反美狙击手朱巴 ………179

第一章 枪械的起源与发展

>>>

枪械，是指利用火药燃气能量发射弹丸，口径小于20毫米（大于20毫米定义为"火炮"）的身管射击武器。枪械以发射枪弹、打击无防护或弱防护的有生目标为主。它是步兵的主要武器，也是其他兵种的辅助武器，在民间还广泛用于治安警卫、狩猎、体育比赛等方面。枪械起源于火药的发明，而在世界四大发明中，火药算得上是近代战争史上最重要的发明，在火药基础上发明的枪械则更是把火药的威力发挥得淋漓尽致。可以这样说，因为火药的出现，中古世纪城堡的深沟高垒不再难以攻克；由于枪炮的发明，贵族骑士的坚甲利兵也变得渺小无力。封建制度下的军事统治集团不再具有超越一般人民的武装优势，原本只有统治集团才拥有的不可抗衡的武装力量在火药和枪炮面前显得如此不堪一击。与此相应，他们的权利和地位也随之下降，人民民主制度逐渐占据了优势。Thomas Carlyle 曾说过，火药及火器的发明，造成了骑士制度的逐渐没落，因此为后来民主制度的建立打下了坚实的基础。它们推动了战争的进程，在世界战争史上占有绝对重要的地位。它们对世界的发展有至关重要的影响力，因为正是它们使世界历史的演进走上了另一个完全不同的方向。

第一章 枪械的起源与发展

传说的希腊之火

早在小亚细亚的亚述帝国（Assyrian，公元前 1000 年至公元前 700 年）时，就已有人将沥青或原油加上硫磺及其他易燃物装在箭头上做为火攻的工具。

不过，有系统有效率地使用火器，并且赖其维系了整个亚述帝国生存的，首应归于公元 7 世纪时发明的"希腊之火"。

"希腊之火"据说是叙利亚人所发明的，它有点像现代的火焰投掷器，是一种以石油为主体，另以硫磺、树脂等组成的混合物。其混合物像油性物质，用于涂在物体表面，或在水面上燃烧。当时拜占庭水军在舰船上用木桶装满此混合物，再以喷射形式附在敌船舰之上，用火箭攻击以造成敌舰焚毁。

公元 7 世纪，阿拉伯帝国的兴起对拜占庭帝国逐渐构成了一大威胁，因为阿拉伯军队善用灵活的个人战及骑兵优势，导致罗马帝国的重步兵战术受到严重挑战。636 年雅穆克河之战，5 万拜占庭步兵遭全数歼灭；638 年，被喻为基督神圣之地的耶路撒冷失陷；642 年，埃及落入阿拉伯军队手中；655 年，阿拉伯军队终于攻

至君士坦丁堡，在黄金海湾重创拜占庭海军，拜占庭帝国明显在阿拉伯世界的抗争中处于下风。

公元668年，君士坦丁四世登基，为了寻求打破困境的方法，遂开始研究传说中的希腊之火。后阿拉伯人再度攻打君士坦丁堡，由于陆路君士坦丁堡拥有三条巨大的城墙作保护，阿拉伯人便采用水路进击，却惨遭希腊之火所败。当时阿拉伯人认为这是真神阿拉的震怒，遂溃不成军。最终，拜占庭、阿拉伯帝国双方签订三十年互不侵犯条约。西方史学家认为，希腊之火意义重大的原因是它令处于黑暗时期的西方文明免受伊斯兰教文明入侵所影响，同时它也是火药未被发明之前，最被中古世界谈论的谜一般的武器。

公元717年，阿拉伯帝国的莫斯雷马萨建立了一支当时最庞大的海军，用达1800艘的战舰封锁了君士坦丁堡的海路出入口。根据拜占庭历史记载，这些战舰就好像一片会移动的森林掩盖着海面。接着，拜占庭国王利奥三世又运用上希腊之火，以其个人高超的指挥艺术，在天时之

利的情况下,几乎全歼了阿拉伯的海军舰队,使阿拉伯帝国元气大伤,接近一个世纪都不敢再侵犯拜占庭帝国。

拜占庭帝国视希腊之火为国家机密,把这研制配方苦苦收藏了200年之久,不过后来秘方落入了阿拉伯人手中,在十字军东征年间,阿拉伯人就曾用希腊之火反过来对付十字军。随着火器的发展,希腊之火也慢慢步入了历史的尘嚣,遂渐被世人遗忘,然而大航海时代,却让世人重拾了关于希腊之火的记忆。

亚述帝国

　　亚述帝国是古代西亚奴隶制国家，位于底格里斯河中游。公元前3000年代中叶，属于闪米特族的亚述人在此建立亚述尔城，后逐渐形成贵族专制的奴隶制城邦，公元前19到前18世纪发展成为王国，版图南及阿卡德，西达地中海。不久遭外族入侵，国势削弱。公元前15世纪复兴，建立君主专制，向外扩张，北进亚美尼亚，以至黑海沿岸，西侵叙利亚和腓尼基，南至巴比伦。公元前11世纪受外族进攻，再度衰落。公元前10世纪，再度兴起。公元前8世纪中到前7世纪70年代新亚述时期版图北起乌拉尔图，东南兼及埃兰，西抵地中海岸，西南到埃及北界，建都尼尼微，成为西亚古代军事强国。公元前7世纪中叶后，由于统治集团内讧和被征服地区人民反抗，国势渐衰。

　　亚述帝国境内农业发达，盛产各种金属，且地处古代西亚各国主要商路之上，战略地位十分重要，这对其以后发展成为地跨亚非两洲的奴隶制大帝国具有重要意义。

第一章 枪械的起源与发展

火药火器的发明

火器，中国古代火药兵器的简称。北宋初年，出现了用火药制造的火箭、火毬等。《武经总要》中列举的火药兵器有火毬、火药鞭箭、蒺藜火、霹雳火等多种，原始的火药兵器开始装备军队，宣告了冷兵器时代的结束，从此中国古代兵器的发展步入了新时代。火器的使用自北宋经南宋、元、明到清朝第一次鸦片战争（1840年）以前，延续了约9个世纪。在此期间，随着火药性能的提高和新技术的应用，新的威力更大的火器不断问世，如南宋发明的铁火炮、火枪类火器，元代发明的火铳（枪），以及明代研制的火箭、地雷、火砖以及仿制的鸟铳、佛郎机铳和红夷炮，并在战争中起着越来越大的作用。中国传统火器发展到了明代才达到其最高峰。但是清代特别是18世纪中叶以后，火器发展停滞。直至第一次鸦片战争，中国古代火器始终和冷兵器并用。

科普知识博览

◎ 火药走上战争舞台

北宋初年的战场上，一群战士齐力牵动了大炮的拽索，炮梢猛地翻转过来，皮窝中的炮弹砰然弹出，直射敌方军阵。但这时抛射出去的并不是以往使用的沉重的石弹丸，而是一个用纸和麻皮裹成的圆球，外表还涂有沥青和黄蜡。此球落入敌方阵地，只听轰然一声巨响，随后一道火光腾空而起，并喷发出一股呛人的烟雾。被巨响和火光惊呆的敌人惊魂未定，又受到有毒烟雾的袭击，不少人口鼻流血，昏倒在地，其余的人则四散奔逃，乱了阵脚。

这种新出现的炮弹便是我国早期火药兵器的一种，名叫"毒药烟球"。《武经总要》中记载了它的名称和性能，同时还记载了当时军队中装备的其他火药兵器，并且开列了火药的三种配方。这就明确地证明了早在公元1044年以前，我国北宋军队就已经装备有多种早期的火药兵器了，同时也标志着中国古代以火药爆炸的杀伤力而起主要作用的火器（火药兵器）走上了战争的舞台。

火药是人类掌握的第一种爆炸物，是中国古代的四大发明之一，而且被认为是对人类历史所起作用最大的发明，是我国人民对世界文明的一个伟大贡献。英国著名科学史专家李约瑟曾指出："《武经总要》中，记载着三种关于火药的配方，它们是所有文明国家中最古老的配方。"他还指出："我们现在认为，大量无可辩驳的事实证明：中世纪早期的中国人就首先用硝（硝

第一章　枪械的起源与发展

酸钾）、硫黄和碳源之一如木炭制成了这种独特的混合物。弗兰西斯·培根（1561—1626年）在约公元1600年左右曾说过，在火药、印刷术和指南针这三项发明中，火药的发明对于人类历史所起的影响最大，尽管他本人并不知道这三者都起源于中国。

火药起源于中国古代的炼丹术，其三种主要成分硝石、硫磺以及硫磺中的钾化物，都是炼丹术中常用的药物。秦汉时期，封建帝王为祈求长生不老，崇信方士，寻求不老之药，秦始皇和汉武帝都是此间最热衷者。在他们的提倡下，炼制所谓长生不老之药的方术——炼丹术日渐发展，后经两晋南北朝至唐代，炼丹家的活动方兴未艾。虽然他们成仙的幻想终成泡影，但在实验化学方面却做出了一定的贡献。如南朝时的陶弘景已总结出以火焰实验法来鉴别硝石（硝酸钾）与芒硝（硫酸钠），其方法已近似近代分析化学所用以鉴别钾盐和钠盐的火焰试验法。后来，又有了使硫磺"伏火"，以摸索各种药物成分而掌握火药配方的试验。这种约始于唐代的试验在进行时如稍有不慎，便可引起爆炸乃至丹房失火等事故，因为这些药料配合起来易点火，能猛烈燃烧并发生爆炸，所以被人们称作"火药"。

将火药用于兵器制造并投入实战，在我国约开始于唐代末

科普知识博览
Ke Pu Zhi Shi Bo Lan

年。唐哀宗天祐四年（907年），郑璠攻打豫章城（今江西南昌）时，曾利用"发机飞火"烧毁该城的龙沙门。这一战例一般被认为是火药兵器出现的最早战例。宋太祖开宝八年（975年）灭南唐时，使用过用弓弩发射的火箭和用炮（发石机）抛射的火炮，正是因为改用装有火药的弹丸来代替石头，于是原来从"石"的"炮"字才改为从"火"了。这之后不断有关于制造火药兵器的记录，然而最完备系统的，还要数《武经总要》中关于火药和火器制造的记载。

《武经总要》中记载了被李约瑟博士称为"最古老的配方"的三种火药兵器配方。包括：一、火炮火药法；二、毒药烟球火药法；三、蒺藜火球火药法。其中第二种"毒药烟球"，就是本节开始时描述的以炮发射的毒烟火器，其配方是："球重五斤，用硫磺一十五两，草乌头五两，焰硝一斤十四两，芭豆五两，狼毒五两，桐油二两半，小油二两半，木炭末五两，沥青二两半，砒霜二两，黄蜡一两，竹茹一两一分，麻茹一两一分，捣合为球。贯之以麻绳一条，长一丈二尺，重半斤，为弦子。更以故纸十二两半，麻皮十两，沥青二两半，黄蜡二两半，黄丹一两一分，炭末半斤，捣合涂敷于外。若其气熏人，则口鼻血出。二物（按，指

毒药烟球与烟球）并以炮放之，害攻城者。"

综观以上火药的配方，我们可以发现它们的主要成分仍是硫磺、硝和木炭，其中硝所占的比例最大，比另外两种成分的总和还多些。三种成分中硝是氧化剂，加热时释放出氧气；另两种成分（硫磺和木炭）则是极易氧化的还原剂。将以上三种成分混合在一起燃烧，可使氧化还原反应迅猛进行，立即释放出高热，而且体积突然膨胀，迅速突破外壳发生爆炸，并继续蔓延燃烧。同时也可以看出，北宋时人们已懂得在火药三种主要成分的基础上，为达到不同的军事目的而增减配方中的其他成分，制作出作用不同的火药兵器。"毒药烟球"爆炸后，球内毒剂发烟，起毒气弹的作用；蒺藜火球是利用爆炸的强大推力，把球内的铁蒺藜撒

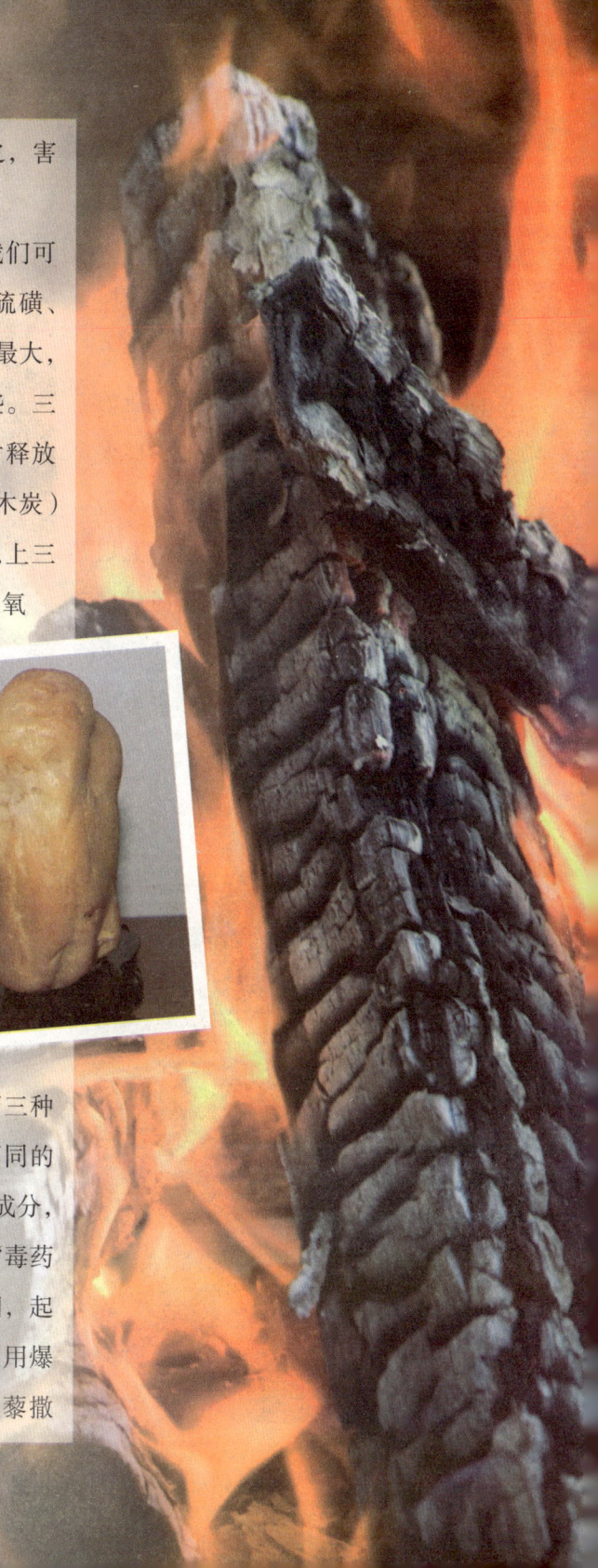

放开来，借以杀伤敌人；火炮火药法中的火药则主要是爆炸后起燃烧作用。

总起来看，北宋初期虽已掌握了火药的生产技术，生产了性质不同的火药兵器，但仍属火器制造的初级阶段，现代枪械雏形的管形火器还没有出现。尽管如此，以火药制造兵器，实在是兵器发展史上划时代的里程碑，从此冷兵器时代过渡为火器和冷兵器并用的时代。火药兵器登上战争舞台，预示着将导

致军事史上的一系列变革，并终将使战争的面貌彻底改观。

◎ 元代火铳

南宋后期，由于火药的性能已有很大提高，人们可在大竹筒内以火药为能源发射弹丸，并掌握了铜铁管铸造技术，从而使元朝具备了制造金属管形射击火器的技术基础，中国火药兵器便在此时实现了新的革新和发展，出现了具有现代枪械意义雏形的新式兵器——火铳。

火铳的制作和应用原理是将火

第一章 枪械的起源与发展

药装填在管形金属器具内，利用火药点燃后产生的气体爆炸力射击弹丸。它具有比以往任何兵器都大得多的杀伤力，实际上它也正是后代枪械的最初形态。中国的火铳创制于元代，元在统一全国的战争中，先后获得了金和南宋有关火药兵器的工艺技术，立国后即集中各地工匠到元大都（今北京市）研制新兵器，特别是改进了管形火器的结构和性能，使之成为射程更远、杀伤力更大，且更便于携带使用的新式火器，即火铳。

目前存世并已知纪年最早的元代火铳，是收藏于中国历史博物馆的一件元至顺三年（公元1332年）的铜铳。该铳铳体粗短，重6.94千克，前为铳管，中为药室，后为铳尾。铳管呈直筒状，长35.3厘米，近铳口处外张成大侈口喇叭形，铳口径10.5厘米。药室比铳膛粗一些，室壁向外弧凸。铳尾较短，有向后的銎孔，孔径7.7厘米，小于铳口径。

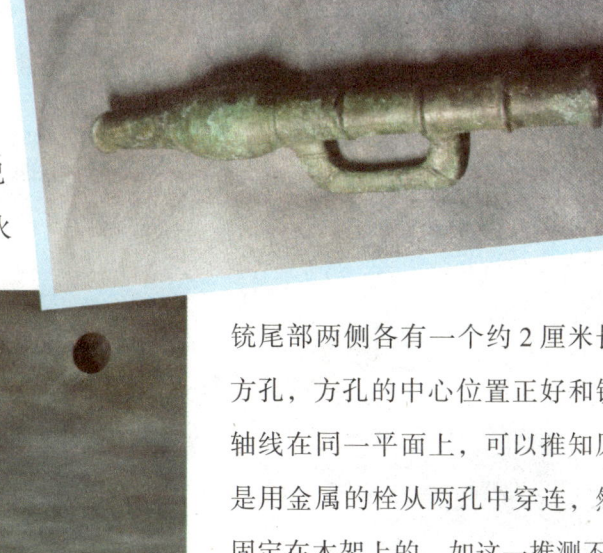

铳尾部两侧各有一个约2厘米长的方孔，方孔的中心位置正好和铳身轴线在同一平面上，可以推知原来是用金属的栓从两孔中穿连，然后固定在木架上的。如这一推测不错，那这个金属栓还能够起耳轴的作用，使铜铳在木架上可调节高低俯仰，以调整射击角度。

1961年，张家口地区出土了一件火铳，全长38.5厘米，铳管的筒部较细但口部外侈更甚，呈碗口状，口部内径12厘米，外径15.8厘米，故又被称为大碗铳。此铳与前述元至顺三年铜铳基本属同一类型，也是安放在木架上施放的，故也被定为元代遗物。

与上面铜铳不同的还有另一类铜铳，口径较上一类小得多，一般口内径不超过3厘米，铳管细长，铳尾亦向后有銎孔，可以安装木柄。最典型的例子，是1974年于西安东关景龙池巷南口外发现的铜铳，因其与元代的建筑构件伴同出土，故也应视为元代遗物。该铜铳全长26.5厘米，重1.78千克。铳管细长，圆管直壁，管内口径2.3厘米。药室椭圆球状，药室壁有安装药捻的圆形小透孔。铳尾有向后开的銎孔，但不与药室相通，外口稍大于里端。发掘出土时药室内还残存有黑褐色粉末，经取样化验，测定其中主要成分有木炭、硫和硝石，应为古代黑火药的遗留，是研究我国古代火药的实物资料。另外，此铳的口部、尾部及药室前后都有为加固而铸的圆箍，共计六道。与这件铜铳形状、结构大致相同的铳，在黑龙江省阿城县半拉城子和北京通县都出土过。这类铜铳尾部的銎孔，是用以插装木柄的。

将以上两类元代铜火铳比较一下，可以看出它们的不同特点。从

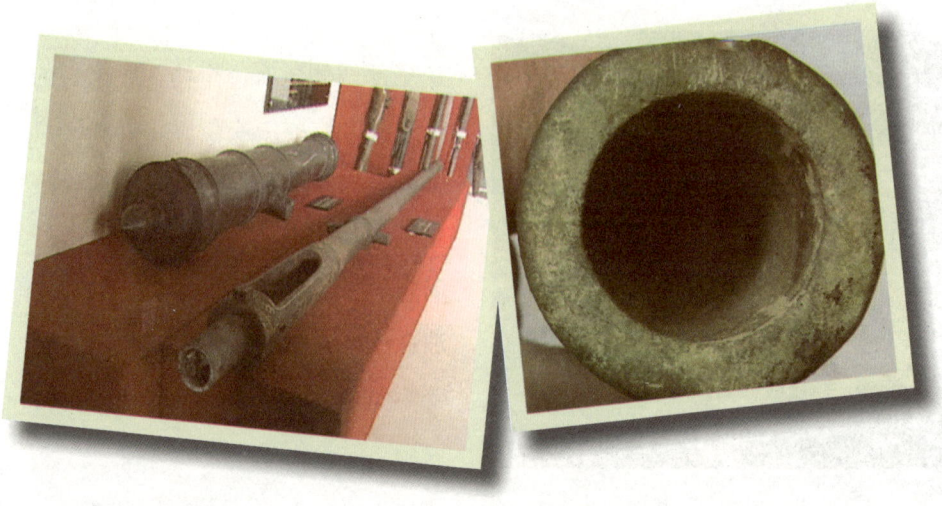

重量看，前一类重而后一类轻，以至顺三年铳和西安出土铜铳相比，二者重量之比约为4∶1。从口径看，前一类大而后一类小，前类超过10厘米，甚至超过15厘米，而后一类仅2至3厘米，二者口径之比约为4.6∶1，也就是说前者约为后者的五倍。从使用方法看，前一类尾部銎孔粗，銎径以至顺三年铳为例，近9厘米，这样粗的銎孔如装以木柄，柄粗也应为9厘米左右，而单兵用手握持这样粗的柄是极困难的，何况还要点燃施放，铜铳还要震动，所以非用安放木架固定的做法才成，而后一类的柄径不过3厘米左右，正适于单兵用手握持施放。同时，从火铳本身的特点看，前一类口径大而铳体短，后一类口径小而铳体长。从以上几方面的分析比较看，它们确实代表了两种不同类型，前一类可以视为古老的火炮；后一类则是供单兵手持使用的射击兵器，可以说是近代枪械的雏形。

火铳这种新式兵器，自元代问世之后，由于其青铜铸造的管壁能耐较大膛压，可装填较多的火药和较重的弹丸，因而具有相当大的威力，又因它使用寿命长，能反复装填发射，故在发明不久便成为军队的重要武器装备。到元朝末年，火铳已被政府军甚至农民起义军所使用。《元史·达礼麻识理传》中便记

有至正二十四年（1364年）达礼麻识理为对抗孛罗帖木儿，布列战阵，军队中"火铳什伍相联"的事件，可见当时装备的火铳数量已相当可观。

◎ 洪武火铳

元末明初，太祖朱元璋在重新统一中国的战争中，较多地使用了火铳作战，不但用于陆战攻坚，也用于水战之中。通过实战应用，人们对火铳的结构和性能有了新的认识和改进，到开国之初的洪武年间，铜火铳的制造达到了鼎盛时期，结构更趋合理，形成了比较规范的形制，数量也大大增加。

从北京、河北、内蒙古、山西等地出土的洪武年间制造的铜火铳，大致都是前有细长的直体铳管，管口沿外加一道口箍，后接椭圆球状药室。药室后为铳尾，向后开有安柄的銎孔，銎孔外口较粗，内底较细，銎口沿外也加一道口箍。另外还在药室前侧加两道，后加一道加固箍。河北省赤城县发现的洪武五年（1372

第一章 枪械的起源与发展

年)火铳长 44.2 厘米,口内径 1.6 厘米,外径 2 厘米。铳身刻铭文"骁骑右卫,胜字肆佰壹号长铳,筒重贰斤拾贰两。洪武五年八月吉日宝源造。"将它与内蒙古托克托县黑城古遗址发现的三件有洪武纪年铭的火铳相比,可以看出它们的外形、结构和尺寸都大致相同。托克托出土的一号铳为洪武十二年(1379 年)造,全长 44.5 厘米,口内径 2 厘米,为袁州卫军器局造;二号铳洪武十年(1377 年)造,长 44 厘米,口内径 2 厘米,凤阳行府造;三号铳长 43.5 厘米,口内径 2 厘米,也是洪武十年凤阳行府造。以上四件洪武火铳铸造地点虽不在一处,但形制、结构基本相同,长度仅相差 1 至 10 毫米,内口径相差 2 毫米,说明当时各地铜铳的制造已相当规范化了。

以上介绍的四件洪武火铳形体细长,重量较轻,应是单兵使用的轻型火器,亦可称手铳。明洪武年间还有一类口径、体积都较大的火铳,也称碗口铳,实物如现藏中国军事博物馆的一件,为洪武五年

（1372年）铸造，全长36.5厘米，口径11厘米，重15.75千克，铳身铭文"水军左卫，进字四十二号，大碗口筒，重二十六斤，洪武五年十二月吉日，宝源局造。"与元代大碗口铳相比，此铳碗口不再向外斜侈而是呈弧曲状，铳管更粗，药室明显增大。山东地区发现的洪武年铸造的同类火铳，形状相同，唯口径更大，接近15厘米。口径增大，铳筒加粗且药室加大，使明代的大碗口铳较元代同类铳装药量更大，装弹量和射程也相应增大，因此威力也更强了。

上述明洪武年间制造的两类火铳，即手铳和碗口铳，无疑是直接

继承了元代两类火铳的形制并很快发展成了枪、炮两个系列。

洪武初年，火铳由各卫所制造，如上述数件火铳，就包括袁州卫军器局造和凤阳行府造等等。到明成祖朱棣称帝后，为加强中央集权和对武备的控制，便将火铳重新改由朝廷统一监制。早在洪武十三年（1380年）时，明政府就已成立了专门制造兵器的军器局，洪武末年又成立了兵仗局，永乐年间的火铳便是由这两个局主持制造

第一章 枪械的起源与发展

的。永乐时的火铳制造数量和品种都较洪武时有了更大的增长,并提高了质量,改进了结构,使之更利于实战。

从洪武初年开始,终明一代,军队普遍装备和使用各式火铳。据史书记载,洪武十三年规定,在各地卫所驻军中,按编制总数的百分之十装备火铳。二十六年规定,在水军每艘海运船上装备碗口铳四门、火枪二十支、火攻箭和神机箭二十支。到永乐时,更创立了专习枪炮的神机营,成为中国最早专用火器的新兵种。明代各地的城关和要隘,也逐步配备了火铳。洪武二十年(1387年),在云南的金齿、楚雄、品甸和澜沧江中道,也安置了火铳加强守备。永乐十年(1412年)和二十年,明成祖令北京北部的开平、宣府、大同等处城池要塞架设炮架,备以火铳。

科普知识博览

到嘉靖年间，北方长城沿线要隘，几乎全部构筑了安置盏口铳和碗口铳的防御设施。火铳的大量使用，标志着火器的威力已发展到一个较高的水平。但是，火铳也还存在着装填费时、发射速度慢、射击不准确等明显的缺陷，因此只能部分取代冷兵器。而且在明代军队的全部装备中，冷兵器仍占有一个很重要的地位。

综上所述，我国元末明初火器的发展，特别是明初洪武年间火铳的制造和使用，在当时世界兵器领域内是处于绝对领先的地位的。从明代中叶往后，长期陷于发展迟缓状态的中国封建经济以及统治阶级的闭关锁国政策，使元末明初金属管形射击兵器发展的势头停滞下来。15世纪中叶以后，西方的火炮、火枪得到较快的发展，而中国的兵器

在很大程度上仍沿袭祖制,有些手铳的形制甚至百年一贯。火药兵器没能在自己的故乡引起革命的变革,而当它传入欧洲后,资本主义新型生产关系的兴起却使它发挥了巨大作用。资本主义制度的胜利,更促进了枪炮的改进和扩大生产。到明代中叶,发明了火铳的中国不得不从国外舶来品中汲取养分,仿制了比火铳更先进的"佛郎机"和"红夷炮",以及单兵使用的鸟铳等。中国火器的制造从此才进入了一个新阶段。

◎ 佛郎机和红夷炮

公元11世纪,当火药兵器在中国战场上大显神威的时候,西方还不知道关于火药的知识。200年后,欧洲的学者,首先是通过翻译阿拉伯人的著作,才知道了火药。但火药兵器则是通过战争传入欧洲的。13世纪到14世纪,阿拉伯人和欧洲的一些国家进行了长期的战争,在战场上欧洲人开始接触到火药兵器,也领略了它们的巨大威力。

15至16世纪,欧洲许多国家在学习中国火药和火药兵器的基础

上，制造出了新的火药兵器——佛郎机。佛郎机与其在中国故乡的原型，也就是明初洪武、永乐年间著名的火铳相比，在构造上有了根本性的改变，它主要具有了以下几点优越性：

（1）采取了母铳和子铳的结构。母铳是炮筒，大型佛郎机的炮筒长达5～6尺，其优点是弹丸射出的初速大，射程远，具有较大的杀伤力；子铳实际上是一枚小火铳，一般备5～9个，事先或轮流装填弹药备用。使用时，先把一枚子铳装入母铳的装弹室中，发射完后便将空子铳退出，换装另一枚子铳。因为子铳可以轮番装换，减少了现场装填弹药的时间，因而提高了发射速度。

（2）装弹室加大。佛郎机的装弹室一般占母铳全长的四分之一，宽度相当于口径的二至三倍，敞口较大，便于子铳的安放。

（3）管壁厚，能承受较大的压力和强度，保证了弹药发射时的自身安全。

（4）装有瞄准具，配有准星、照门等装置，能对远距离目标进行瞄准射击。

（5）增设了两侧的炮耳，佛郎机的后部都加设了炮耳，从而可将炮身置于座架上。炮耳可以转动，使火炮的射击角度得以俯仰调整，控制射程并提高命中率。也有的佛郎机是在炮身下部安一个尖长的插销，或是在尾部安有导向管和尾柄，通过插销可将炮身安装在炮架上；控制导向管和尾柄，能将炮身左右旋转，调整射击角度，扩大射击范围。

佛郎机的作用和威力如此之大，明显优越于中国传统的火铳，这些情况引起了明朝官员和政府的高度重视。嘉靖元年（1522年），葡萄牙派五艘武装舰船驶至广东珠江口外，企图以武力为后盾，占据广东一岛屿。遭拒绝后即开炮轰击守军，当葡舰侵入广东新会西草湾时，被当地守军击败，缴获两艘舰船和船上火炮20余门，并按其国名将船上之炮称为"佛郎机"。当地官员将这些新式火炮献给明朝政府，同时上书朝廷，建议仿制，以改善明军武器装备。当时的明世宗立刻同意了这一奏议。嘉靖二年，原担任过广东白沙巡检、与葡萄牙人有过多次接触、熟知佛郎机性能的明朝地方官员何儒，带领有丰富经验的广东工匠奉诏到南京，在当时设备精良的火器制造处操江衙门开始了佛郎机的仿制。嘉靖三年四月，第一批32门大样佛郎机仿制成功。《大明会典·火器》中详细记载了这批佛郎机的情况，它们全部用黄铜铸成，每件重约300斤，母铳长2.85尺，另配四个子铳，可分别装填火药，轮流发射。这是中国仿制的第一批佛郎机，因至今未见实物出土，所以具体形制不详，但从长度和重量看，应是一种短而粗的火炮。

紧接着，明朝又陆续仿制了数量更大、形制更多的各式佛郎机，装备北方及沿海部队，使明朝守边的战斗力大大加强。

明朝仿制佛郎机的机构主要是军器局和兵仗局，他们在组织工匠仿制的过程中，除保留和吸收国外佛郎机的优点长处外，还作了许多新的革新和改进，使之更适于明军各种条件下实战的需要。关于明代

第一章 枪械的起源与发展

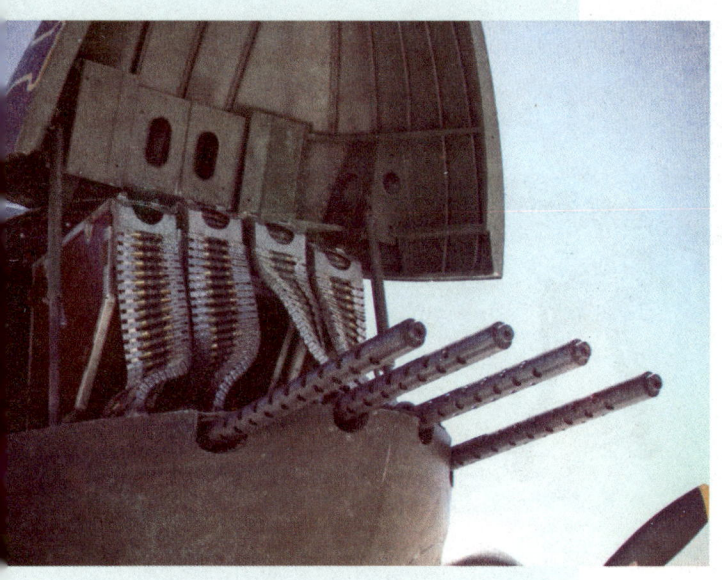

然是按照统一规格制造的，精密度也已相当高。小样佛郎机的制品较多，出土实物也很丰富，1984年河北省抚宁县城子峪长城敌楼内发现小样佛郎机的3件母铳和24件子铳，可以组成三套完整的佛郎机子母铳。从器身铭文可知，它们是嘉靖二十四年（1545年）按统一标准和规格制造，于隆庆四年（1570年）运至城子峪段长城，供守城士兵使用的。

仿制佛郎机的情况，在《明会典》和戚继光兵书《纪效新书》《练兵实纪》中都有详细的记载。《明会典》记载仿制的佛郎机有大样、中样、小样三种。前面提到嘉靖二年生产的第一批重约300斤的佛郎机，就属大样佛郎机。出土实物中还见有五件中样佛郎机，长29.3至29.5厘米，口径2.6至2.7厘米，显

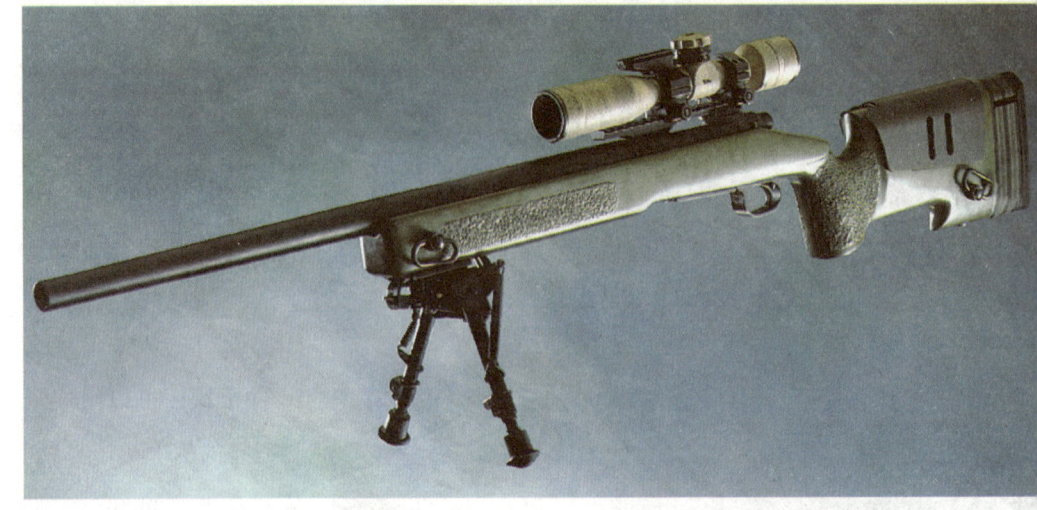

除佛郎机外，明中期以后还仿制了一种红夷炮（又称西洋炮），是一种大型火炮，在明万历后期由荷兰传入中国。《明史·兵志》记载："大西洋船至，复得巨炮，曰红夷。长二丈余，重者三千斤，能洞裂石城，震数十里。"红夷炮与佛郎机相比，口径较大，管壁加厚，能承受较大膛压，是当时威力最大的火炮。明末，明朝廷为抵御后金军的进攻，重用徐光启、李之藻等人大量仿制红夷炮。崇祯二年至三年（1629年～1630年），徐光启督造

第一章　枪械的起源与发展

大小红夷炮400余门；两广总督王尊德也先后仿制大中型西洋炮500门。中国历史博物馆、湖南省博物馆、首都博物馆都藏有当时红夷炮的制品。

西方火炮的传入，促进了中国明朝后期火炮技术的发展，改善了军队的装备。据《练兵实纪杂集》记载，戚继光的车营装备佛郎机铳256门，辎重营装备佛郎机160门。佛郎机在明朝北部防御要地甘肃、宁夏、大同、宣府各镇长城关口要隘发挥了巨大的作用。天启六年（1626年）袁崇焕以红夷炮凭城固守宁远（今辽宁兴城），击退后金部队的多次进攻，后金太祖努尔哈赤就是在这次战役中被红夷炮击成重伤，不久死去。

枪械的发展

早在1259年,中国就发明了以黑火药发射弹丸、竹管为枪管的第一支"枪"——"突火枪"。其基本形状为:前段是一根粗竹管;中段膨胀的部分是火药室,外壁上有一点火小孔;后段是手持的木棍。其发射时以木棍拄地,左手扶住铁管,右手点火,发出一声巨响,射出石块或者弹丸,未燃尽的火药气体喷出枪口达两三米。不过,这种原始的火枪真正所能起到的,也只有心理威慑作用。首先,由于火药的原料配比问题,其推力相当有限,射程大概不到100米,又因为射击方式很僵硬,根本不可能运用现代的"三点一线"式瞄准方式,

第一章 枪械的起源与发展

再因为其枪管为竹管，在射击了大约 4~5 次之后，枪管末段的竹质就会因为火药爆炸时的灼烧而变得十分脆弱，摔在地上就会折断，更

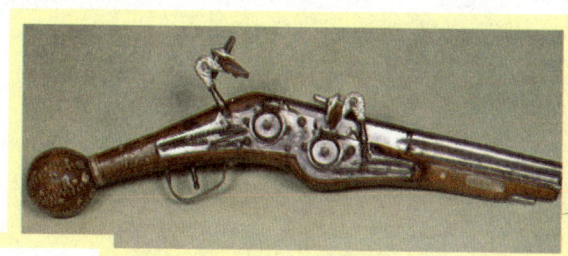

有甚者，射击的时候因为膛压过高于脆炸膛，竹子撑不住那样的爆炸，很少能成功开火，所以只有心理威慑作用。

到了元朝，先是火药的配比被重新调整，导致同样体积的火药在相同空间内所引发的爆炸气流压强比原来的压强提高了约三倍，也就是说，弹丸的加速度变成了原来的三倍，出膛速度变为了原来的 1.732 倍。与此相对应的，竹管制的枪管也被换成了生铁管，使之能承受的膛压大幅度提高。这样一来，火枪的使用价值由于威力、射程和耐久度的提高而大有提高。因其子弹主要以石块和铅弹为主，所以这种新式的火枪被命名为"石火矢"。不过，由于它的体积大，且十分的重，并不是替代弓箭的优秀装备。同时代，元朝也制造出了早期的手枪，其虽然便于携带，但威力和射程都低得可怜，所以基本上没有战术上的价值。

至于西欧方面，出现同类武器是在 14 世纪中叶的意大利，名为"火门枪"，基本类似于以后的"火绳枪"，但体积和重量都远胜后者，而杀伤

力似乎和火绳枪差不多，所以，这种武器主要是用于城堡要塞的防御。当时骑兵也装备了火枪，德意志的枪骑兵们就曾用"火门枪"把法军打得惊恐万分。骑兵用的火枪要短一些，小一些，射击时先用绳子把枪拴在脖子上，在马鞍上支一个"Y"形的架子架住枪管，后部的木棍抵住胸前的铁甲，右手点火。

到了15世纪初期，战场上出现了更小型的手持火炮，原先的"火门枪"的木制握柄被重新设计过，射击时能够倚靠在士兵的肩膀上，而不再是架在支架或者地上，从而，步枪的定义被正式确定为：单兵肩射的长管枪械。而且，工匠们在新式火枪的枪膛内装进了一种能够控制点火的机械装置。但是，这种武器只有在近距离乱枪齐射的情况下才能发挥出较大的威力。

15世纪中叶，在日本战场上小放异彩的"火绳枪（Arquebus）"终于出现。最初的火绳枪的点火机构是一个简单的呈"C"型的弯钩，其一端固定在枪托一侧，另一端夹着一根缓燃的火绳。火绳是用

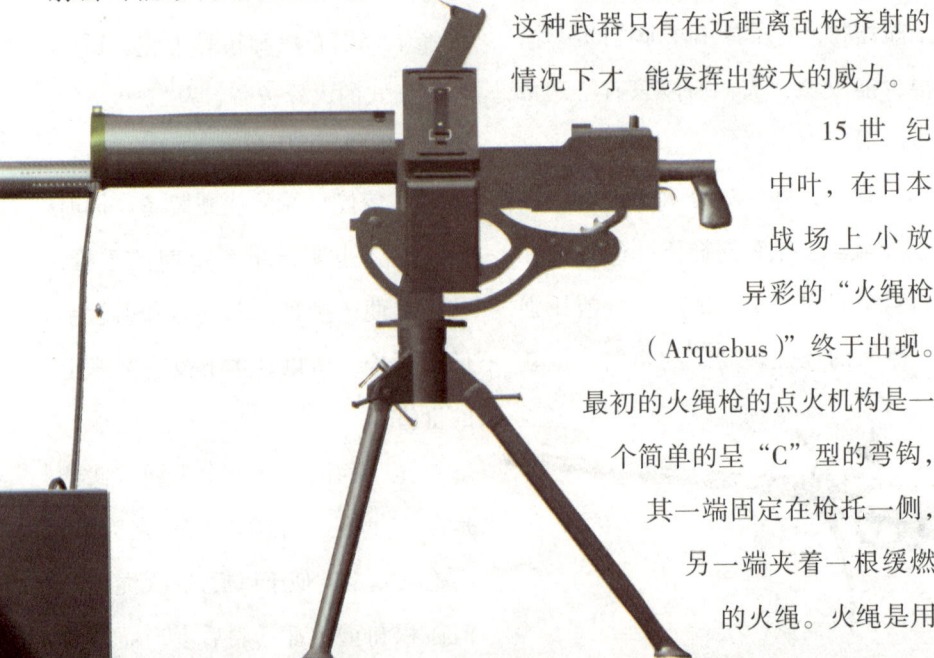

第一章 枪械的起源与发展

经过硝酸钾或其他化学药物处理的麻绳捻成的,到了后期,也有用火棉(纤维素硝酸酯)拉成丝与浸过蓖麻油的麻绳捻在一起制成的,阿拉伯地区甚至还使用"燃水"(石油)浸泡麻绳来制作火绳。弹丸采用铁或者铅做成,一般来说,因为铅软且易变形,所以在装填时和命中目标时,都有相当的好处,否则的话,装填弹丸时,需将铁弹丸放到膛口,用木榔头打送弹棍,推铁弹进膛,非常的浪费时间。火绳枪发射时,可用手指将金属弯钩往火门里推压,使火绳引燃点火药,继续点燃发射药。这样,射手就可以一边瞄准一边推火绳点火了。

火绳枪使用了滑膛技术,不过,由于其是前膛单发填装且弹丸与推进药分装,所以射速非常之慢,大约为30秒一发,而且是经过训练的高级火枪手的速度。再者,暴露在外的火绳非常容易被风吹灭或者雨浇灭,射击非常容易失败,枪手还需要用火折子直接去点火绳,所以射击失败之后的重新射击也非常麻烦。

随着技术的发展,需要火折子直接去点火的问题被圆满解决,西欧的工匠们在枪的后部增加了一个由扳机所带动的小火炬。这个小火炬在战斗的时候一直燃烧着,当需要开枪的时候,就扣动扳机使小火炬向前运动,接触到前面插着的火绳,而小火炬是用浸泡了蓖麻油的布团揉成,上面燃烧着的火不易熄灭。这样一来,火绳枪手在射击失败之后就不必再重新打火折子,射击起来方便了许多。这种新式的扳机击发式火绳枪的口径一般为15~20毫米,管径一般为40~45毫米,而最大射程一般为60～80米，它在1543年传入了日本。

"Musket"火枪——于1500年前后诞生于德国纽伦宝地区的螺旋式线膛的扳机击发火绳枪，也称"步枪"（Rifle），其内刻的膛线有效加强了枪的准确度，枪管的长度也有所提高，能对弹药受力后的运动进行较好的导引，也就是说，其最大射程有所提高，到达了200米之多！而且，这种火绳枪还具备了由准星和照门组成的瞄准装置，所以，准确度大大提高，可谓枪界一大革命。不过，很可惜，由于种种原因，这种线膛火绳枪并没有能够被广泛采用，只有德意志联邦中的普鲁士、奥地利和巴伐利亚三个比较强大的邦国用它正式装

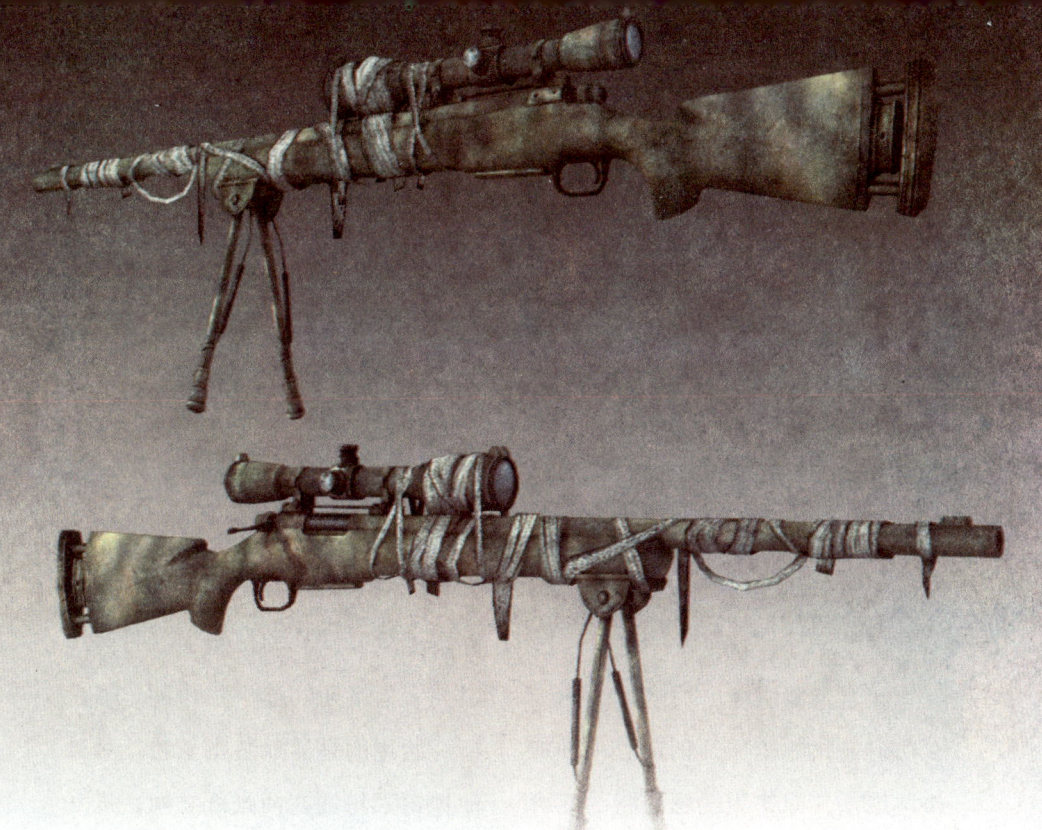

备了部队，这也是德意志联邦内这三个邦国能够充分压制汉诺威等小国，以及"威慑"意大利、法兰西等大国的原因之一。不过很显然，这种线膛式火绳枪并没有传入日本，直到以后的燧发枪诞生，日本才进行了火枪的换代。之后，火枪技术又在两个领域中不断地发生着革命，一是击发技术，另一则是弹药技术。前者的发展，先是源于在16世纪后期，欧洲发明一种"火种点火"的方式。技术原理是，在一个小管里放一个"火种"或一节短火绳，枪手只在用枪时才点燃火种，这样就不至于因枪上都带一条点燃的火绳而在夜间暴露目标。"火种"式火绳枪就是后来燧发枪的先驱。燧发枪是在17世纪由法国人发明的，它的基本结构如同打火枪，即利用击锤上的燧石撞击产生火花，引燃火药。燧发枪的平均口径大约为13.7毫米，由于还没有发明后装弹式火枪，所以这对当时的弹药装填技术有很高的要求。

若按以前的装填方法装填弹丸时，需将弹丸放到枪口，用木榔头打送弹棍，推枪弹进膛，这是非常费时间的，而在战场上，浪费时间

布或鹿皮片包着弹丸,装入膛口,这样做减少了摩擦。这种方法不仅加快了装填速度,而且起到了闭气作用,精度随之提高,射程也提高了。

如果说燧发枪的出现标志着纯机械式点火时代的结束,那么随之而来的爆炸式点火技术就是瞬间点火时代的开始。首先进行爆炸式点火技术激发试验的是一个名叫亚历山大·福希斯的苏格兰牧师。福希斯开始用的是器皿装雷汞粉。后来他把雷汞粉铺在两张纸之间,进一

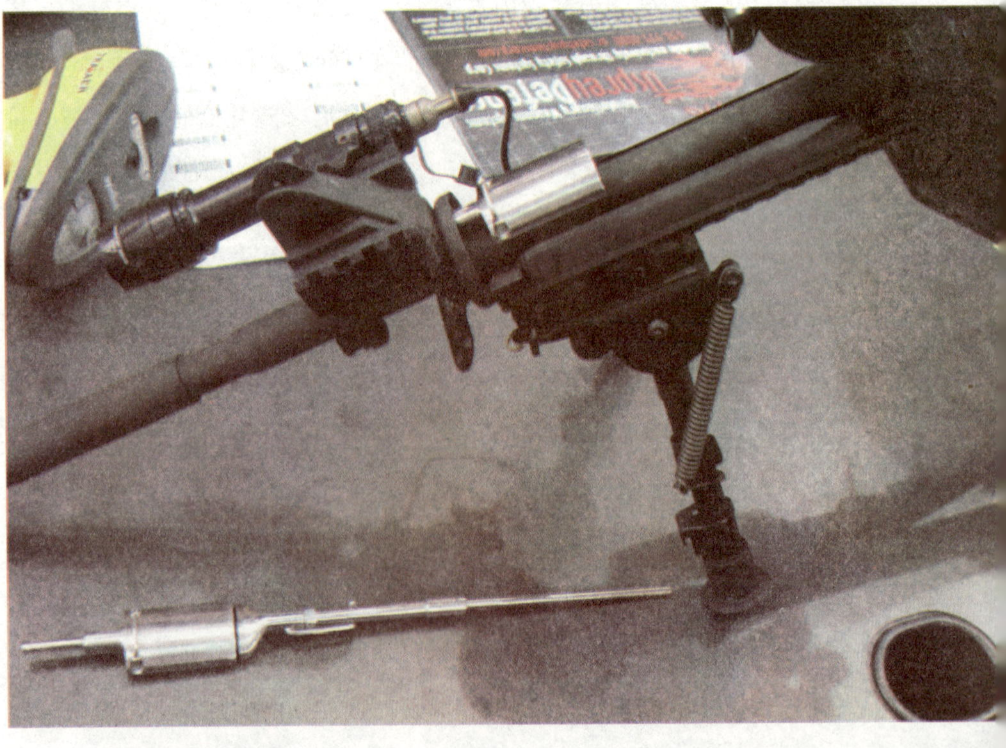

就意味着浪费生命。后来,美国宾夕法尼亚州的枪械师创造了一种加快装填法,即使用浸蘸油脂的亚麻

第一章 枪械的起源与发展

步制作了纸卷"火帽",这种发明大大加快了枪械的发射速度。

1808年,法国机械工包利应用纸火帽,并使用了针尖发火。1821年,伯明翰的理查斯发明了一种使用纸火帽的"引爆弹"。后来,有人在长纸条或亚麻布上压装"爆弹"自动供弹,由击锤击发。这样一来,击发枪就更完善了,到了19世纪,针刺击发枪也诞生了。其最早出现在1840年,是德国人德莱赛发明的,故又称为德莱赛针刺击发枪。其技术特征是:弹药从枪管后端装入,并用针击发火。这种武器首先由普鲁士军队装备,在普鲁士的三次王国统一战争中,它大放异彩,令丹奥法三国骑兵闻枪色变。英军上尉派垂克·佛格森于1776年成功发明了一种后膛装弹来福枪,名为"佛格森"后膛装弹来福枪,是佛格森上尉在参加英军镇压1776年的美国独立战争中,在美国的前膛装药的肯塔基式线膛来福火绳枪的基础之上研制成功的。英军曾生产了100支这种新枪,并装备了佛格森率领的一支百人队伍。该枪的有效射程提高到了200米,最高射速每分钟六发,但因佛格森本人战死,这种枪一直到1853年也没有在英军中得到推广。1860年,美国首先设计成功了13.2毫米机械式连珠枪,开创了弹夹的先河。此枪枪托里有一

个弹簧供弹舱直通枪膛。子弹可以由此一发一发装进,自动输送入膛。连珠枪的出现,使步枪进入了一个新的发展阶段。

一战之后,各国都开始积极开发各种手枪、左轮手枪、冲锋枪、手动步枪、半自动步枪、自动步枪、狙击步枪及机枪。期间先后出现了许多新型枪械,如苏联的莫辛-纳甘步枪,德国的 Kar 98k 毛瑟步枪、MG34、MG42,美国的 M1 加兰德步枪、M1 卡宾枪、勃朗宁自动步枪,英国的李-恩菲尔德步枪、布伦轻机枪等。

至二次世界大战后期,还出现了自动步枪和突击步枪,如 1944 年出现在战场上的德国 7.92 毫米 StG44 突击

第一章　枪械的起源与发展

步枪，特点是火力强大、轻便、在连续射击时亦较机枪容易控制，这是世界上第一种突击步枪，对世界各国枪械的研制产生了重大影响。

战后50年代，苏联开发了著名的AK-47，美国亦开发了M14自动步枪及M60机枪。越战时期，冲锋枪及自动步枪已成为主要作战武器，像60年代装备美军的7.62×51毫米M14自动步枪，战时显示大口径子弹不适合用作突击步枪用途，其后开发出著名的小口径M16，苏联亦推出小口径化的AK-74，此时世界各国亦分成北约及华约口径作制式弹药来设计各种枪械。

到了近代，在世界各国以小口径子弹作制式枪械弹药时，P90个

兵器百科——枪械　037

人防卫武器亦开始在枪械的设计上不断改进,包括改良枪机运作方式,研制新型弹药,加装各种配件等,枪械的质素也渐渐提高。

但因为环保意识关系,以枪械作为狩猎工具渐有被淘汰的趋势,而为了保安的理由,个人拥有枪械变成只属某些国家的独特文化。同时因为保安的理由,专用来做镇暴的非致命弹药,或供保护要人及供非前线军人自卫用途(如个人防卫武器,PDW)的枪械亦问世了。

在20世纪,人类又发明了导弹,开创了高技术的精确制导武器时代,可是小型的枪械尚未有可以代替的导弹。

在一些军事科技实验室和绝大部分科幻故事中,出现了名称和外表似枪械,但原理迥异的新武器,如激光枪和轨道枪,它们实际上开发了一些继续使用枪械的原理,采用了高技术和新的结构,如金属风暴、无壳弹、液态火药推进、电热枪炮等理想单兵战斗武器,可见枪械还有很大的开发、发展的空间。

第二章 二战时世界枪械集锦

>>>

一次二次大战期间，世界大部分国家都被卷入其中，于是战场就变成了展示各国武器威力的最好地方。各国部队都装备了本国最先进的武器，其中枪械占了绝对主要的地位。枪械种类很多，有冲锋枪、机枪、步枪、手枪等很多种类，各种类目录下还有更多分支，这样一来，枪械的种类就更加多样了。各种枪械的功能各有不同，部队作战的时候都会将多种枪械组合使用，以达到更加理想的效果。二战期间的枪械大国主要有美国、日本、英国等，他们都拥有别的国家没有的先进技术，并且善于在无数次战争过程中，通过不断的观察、总结，吸收别的国家枪械的优点并加以利用，进而制造出更加先进的枪械。可以说，二战是各国枪械的一次大聚会。二战后，各国的枪械制造水平都有了很大的提高。学习别国的先进技术对提高我国的枪械制造水平有很大的帮助，这章我们就来了解一下世界枪械强国的详细情况。

第二章　二战时世界枪械集锦

美国枪械

◎ 美国汤普森 M1928A1 冲锋枪

汤普森冲锋枪，又称汤米冲锋枪、芝加哥打字机、芝加哥钢琴，是美军二战中最著名的冲锋枪。它是在 1910 年代结束时设计，并由美国的 Auto-Ordnance Co. 来担任生产工作的。

汤普森冲锋枪以美国汤普森将军命名，但实际上却是由美国人 O.V. 佩思和 T.H. 奥克霍夫设计的。该冲锋枪的早期研制产品是 M1919 式，它的最早的生产型是 M1921 式，后来又相继出现了 M1923、M1928 系列冲锋枪。其中 M1928A1 式于 1930 年研制成功，并少量装备了美军，第二次世界大战中还为英、法等盟国军队所使用。1942 年，美军对 M1928A1 式进行了改进，发展了 M1 式冲锋枪，并正式装备美军，成为美军第一支制式冲锋枪。后来，在 M1 式的基础上又发展出了 M1A1 式冲锋枪。第二次世界大战期间，汤普森冲锋枪生产量达 140 多万支。1945 年停止生产，并逐渐被美国 M3A1 式冲锋枪取代。

M1928A1 式冲锋枪采用独特的半自由枪机式工作原理，枪机上有一个用青铜制成的 H

形延迟后坐块，位于枪机向后倾斜70°角的凹槽内，作用是在发射瞬间通过不同角度的摩擦阻力来延迟枪机后坐。当膛压开始下降时，通过H块两侧的开锁突起与机匣上的开锁斜面相互作用使H块上升，枪机开始向后运动。该延迟机构避免了枪机早抽壳、炸壳故障，但结构复杂。枪管外部加工有环形散热槽，枪口部有一个锯齿形减震器。配用20发、30发弹匣或50发、100发弹鼓。该枪大多数零件为铸件，全枪重量较大，不含枪弹时达4.9千克。

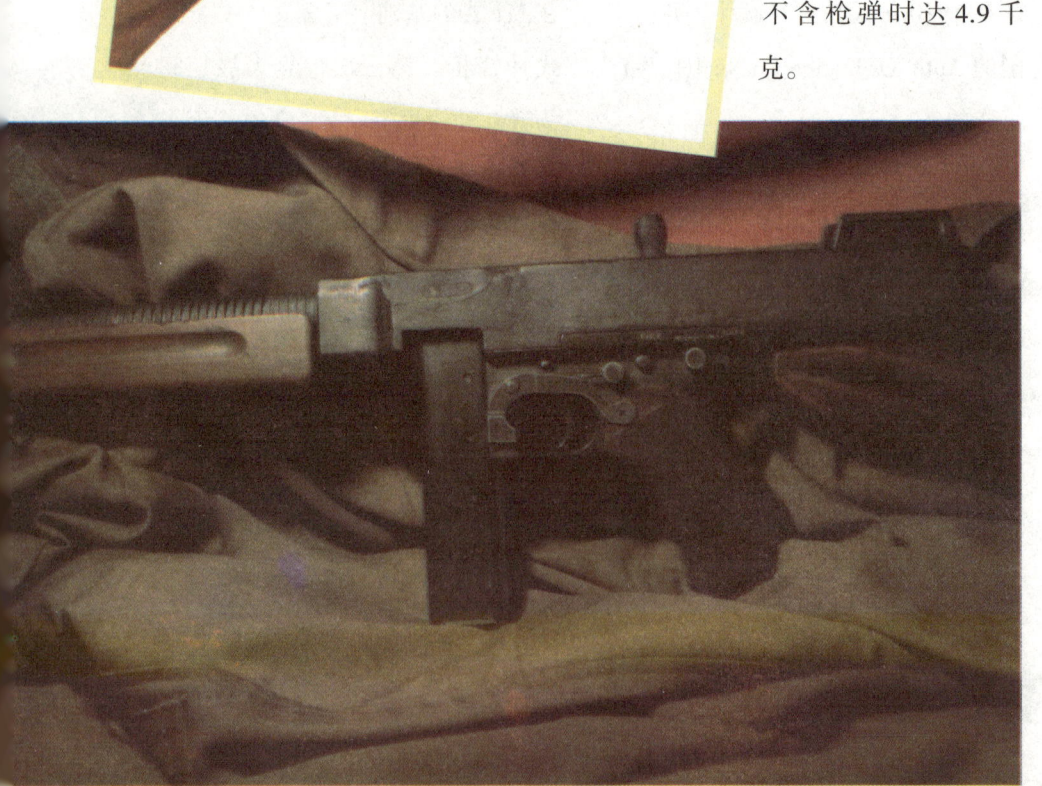

第二章 二战时世界枪械集锦

M1式11.43毫米冲锋枪主要的改进是取消了H形块枪机延迟机构,工作原理改为自由枪机式。此外,拉机柄由原来位于机匣上部改到了机匣右侧,去掉了枪管散热槽和齿形减震器,并只使用20发、30发弹匣供弹,1942年初定为M1式。此枪无表尺,采用舰孔式表尺准星瞄准,没有枪口防震器,没有斜向闭锁,上面无缺口,以免被机柄勾住。该枪没有黄铜机锁,所以闭锁时全靠本身的重量和弹簧的张力,因而机心较重。

M1式和M1928A1式的缓冲器不一样,M1式的缓冲器由两部分组成,即缓冲器杆和缓冲片,而M1928A1式的缓冲器只有2个缓冲圈。M1式的机匣比M1928A1式窄些,其他均与M1928A1式相同。M1式冲锋枪发射0.45英寸(11.43

毫米）柯尔特自动手枪弹，弹头初速为282米/秒，有效射程为200米，理论射速为700发/分，膛线右旋6条，枪全长为813毫米，枪管长为267毫米，瞄准基线长为565毫米，枪全重为4.76千克。

M1A1式11.43毫米冲锋枪是M1式的改进型，它与M1式的主要不同之处是它将活动式击针改为了固定式击针，并取消了击铁，其他与M1式完全一样，其自动方式仍然是自由枪机原理。M1A1式冲锋枪枪管处无散热圈和枪口减震器，

击针固定在机心上，并成为一个整体。从结构上看，该枪的构造是简单的，枪机柄仍然在右侧，枪的准星与枪口齐平。枪全重为4.536千克。

与9毫米冲锋枪相比，0.45英寸口径的汤普森冲锋枪重量较大、瞄准也较难。尽管如此，汤普森仍然是最具威力及可靠的冲锋枪之一。由于曾被美国黑手党及二战盟军使用的关系，汤普森成了现在收藏家寻找的珍品，一把可正常运作的M1928原型售价为2万美元以上，而Auto-Ordnance及Kahr Firearms

第二章 二战时世界枪械集锦

成的枪托，可伸缩，并采用曲柄作为装填拉柄。它发射0.45英寸（11.43毫米）柯尔特自动手枪弹，弹头初速为280米/秒，有效射程为200米，由30发弹匣供弹，理论射速为450发/分，膛线右旋4条，缠距为406毫米，枪全长为757毫米（伸出枪托），579毫米（收缩枪托）枪管长为203毫米，瞄准基线长为276毫米，空枪全重为3.63千克。

现在仍有发售半自动版本。

◎ 美国 M3A1 冲锋枪

盖德M3式冲锋枪，口径为0.45英寸（11.43毫米），自动方式为自由枪机原理，射击方式为全自动，它是美国在第二次世界大战中研制成功的一支冲锋枪，1942年底被美国军队采用。它为制式武器，定名"M3式"。

此枪构造简单，使用钢丝制

M3A1式是M3式的改进型。1944年，M3式冲锋枪经过了战争的考验，暴露出了一些缺点，美国军方根据使用M3式冲锋枪的经验，对其进行了改进。

由于 M3 式的曲柄和首发装填机柄易磨损，不便使用，因而去掉曲柄，改为用手直拉枪机后挂。此外还有一些小的地方也作了修改，改动后的 M3 式定型为 M3A1 式，1944 年底开始配发部队使用。M3A1 式还有装消音器的型号。它发射 0.45 英寸（11.43 毫米）柯尔特自动手枪弹，弹头初速为 280 米/秒，有效射程为 200 米，理论射速为 450 发/分，由 30 发弹匣供弹，膛线右旋 4 条，缠距为 406 毫米，枪全长为 757 毫米（枪托伸开）或 579 毫米（枪托收缩），枪管长为 203 毫米，瞄准基线长为 276 毫米，枪全重为 3.47 千克（空枪重）。

M3 冲锋枪与 M3A1 冲锋枪的主要区别仅仅在于前者有一个类似摇柄状的拉机柄，抛壳窗较小；后者则取消了拉机柄，装填时直接用手指扣住枪机前端的凹槽向后拉到位即可，抛壳窗较大。实际使用表明，M3 冲锋枪的拉机柄虽然略显复杂了一些，增加了发生故障的顾虑，但冬季戴大手套时使用却比较方便。从 M3 冲锋枪的总体人机功效角度来看，这些顾虑和不便都是微乎其微的。此外，M3A1 冲锋枪枪口部还增加了一个可以取下的喇叭形消焰器，射击时对枪口焰虽有所遏制，但同时增加了后坐力；枪托的后端焊有一个"L"形角铁，起到便于向弹匣内压弹的作用。不过，从后来的实践表现来看，此两项确

第二章 二战时世界枪械集锦

有"画蛇添足"之嫌。

M3/M3A1是在英国"司登"冲锋枪的基础上取其精华、弃其糟粕发展而来的,可谓是青出于蓝胜于蓝。然而,也有一点令人遗憾,那就是它同时照抄照搬了"司登"冲锋枪双排单进的弹匣,这不能不说是一个大的也是唯一的败笔!大容弹量弹匣采用双排单进结构,压弹极为困难,供弹可靠性差,这对于一支近战武器意味着什么,不言而喻。事实上,美国人早在"汤普森"冲锋枪上就采用了压弹便利且供弹可靠的双排双进弹匣。个中原由,可能与急于用一支全新的制式冲锋枪来取代老"汤普森"不无关系。可见,或照抄照搬,或全盘否定的绝对化思想,真是有害无益。不过,即使是这样,M3/M3A1冲锋枪仍不失为一支好枪。实际上,M3/M3A1冲锋枪在战斗使用中的故障,特别是供弹故障情况并不多见。

在中国人民解放战争期间,美国政府曾向国民党军队提供了大量

M3/M3A1 冲锋枪。国民党沈阳兵工厂（后来在台湾）也曾大量仿制 M3A1 冲锋枪（定名为"三六式"，只是"克隆"得较为粗糙，故障较多，不及原装的好）。当然，我军在解放战争和抗美援朝战争中也缴获了大量的 M3/M3A1 冲锋枪和"三六式"冲锋枪。

在二战结束后的近半个世纪里，M3/M3A1 冲锋枪始终没有退出美军制式武器的序列。从 20 世纪 60 年代的越南战争到 80 年代美军的历次军事行动，在美军特别是特种部队中处处可见它们的身影。直到现在，世界上还有许多国家的军队或准军事组织仍在使用 M3/M3A1 冲锋枪。

◎ 美国 M1919A6 轻机枪

反映二战西线战场的美国电视连续剧《兄弟连》一经播出，便受到了包括枪械爱好者在内的广大军事迷的广泛关注。细心的观众可以发现，剧中的美国伞兵们使用了一种体型硕大、外形怪异而且火力凶猛的轻机枪，这正是二战中美军装备的勃朗宁 M1919A6 轻机枪。它是作为美军正式装备长达 40 余年的 M1917 系列机枪中的最后一种，也是最独特的一种。虽然它有诸多缺点，但仍算得上是一种较为成功的改进型产品。作为对制式武器不断改进以适应多种用途的成功先例，M1919A6 轻机枪对以后的 M60 和 M16 系列都产生了很大影响，至今仍为各国的枪械设计师们所借鉴。

第二章 二战时世界枪械集锦

M1919A6是由勃朗宁M1919A4重机枪改进而成的,后者又是勃朗宁M1917A1水冷式重机枪的改进型。由于将水冷方式改为了气冷,M1919A4的全枪重量大为减轻,既可车载又可用于野战。珍珠港事件后,M1919A4逐步取代了大多数M1917A1,成为二战期间美国陆军最主要的连级机枪。但对于美军连以下部队来说,他们仍然缺乏机枪火力的支援,当时每个步兵班仅配有勃朗宁M1918A1自动步枪,即著名的BAR,扮演轻机枪的角色,但它20发的弹匣容弹量却严重影响了火力的持续性,其枪管不易拆卸和更换更是严重的缺陷,因为持续射击将很快烧蚀枪管,而它的枪管只能在修械所里更换,这些都注定了BAR不能提供足够的持续性火力。而尽管M1919A4的射程和火力持续性都胜过BAR许多,但对于机动作战来说,它还是显得过于笨重了些。特别是它转移阵地时至少需要两人操作,其中一人搬运枪身,另一人扛M2三脚架,一般还有一名士兵负责携带弹药箱。在战场上,火力支援机枪往往是敌方火力优先和重点"照顾"

的目标，因此转移过程中只要有一人倒下，枪身、三脚架、弹药三者中可能就有一部分将不能到达目的地。虽然当时美军研制了可以同时携带枪身和三脚架的专用携行具，但由于单个士兵本身负重有限，想要迅速地转移机枪和所必备的弹药也是很困难的。所以，在实际作战中，很多情况下美军士兵们只能依靠M1919A4的枪身来进行概略射击，其作战效能大打折扣。因此，质量较轻、便于移动和迅速展开、能进行较长时间连续射击以压制敌方火力，也就是结合了BAR和M1919A4两者优点的轻型机枪，就成为了美国陆军急需的装备。

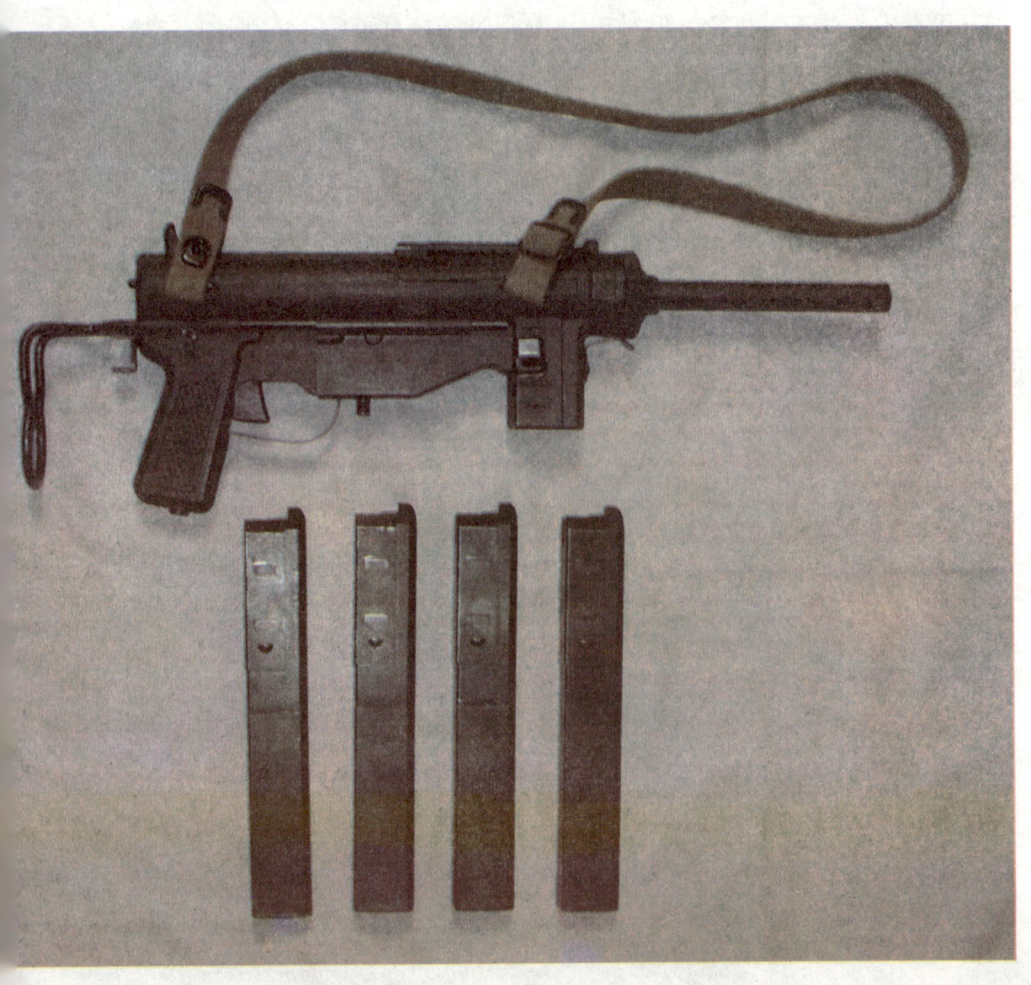

第二章 二战时世界枪械集锦

珍珠港事件

珍珠港事件是指由日本政府策划的一起偷袭美国军事基地的事件：1941年12月7日清晨，日本海军的航空母舰舰载飞机和微型潜艇突然袭击美国海军太平洋舰队在夏威夷基地珍珠港以及美国陆军和海军在欧胡岛上的飞机场，由此引发了太平洋战争，这次事件被称为珍珠港事件或奇袭珍珠港。这次袭击最终将美国卷入了第二次世界大战，它是继19世纪中期墨西哥战争后第一次另一个国家对美国领土进行攻击的事件。

日本枪械

◎ **百式冲锋枪**

1935年,日本陆军在实战中领教了中国军队冲锋枪的威力后,方才开始试制冲锋枪。当时是由中央工业公司的南部枪械厂具体负责这一工作,试制人员将其称为南部式冲锋枪,其弹夹可放置50发子弹。弹夹呈弧线形,插在枪的下面,其形状类似香蕉。随着试制工作的进一步发展,弹匣逐渐被移至左侧面并呈水平状,目的是使卧射时更方便,这与后来的英国司登冲锋枪很像。最后该枪于1940年定型,由于当时正值日本神武纪年1000年,所以日本人便为它起了"百式冲锋枪"的名称,于1941年2月起装备部队。

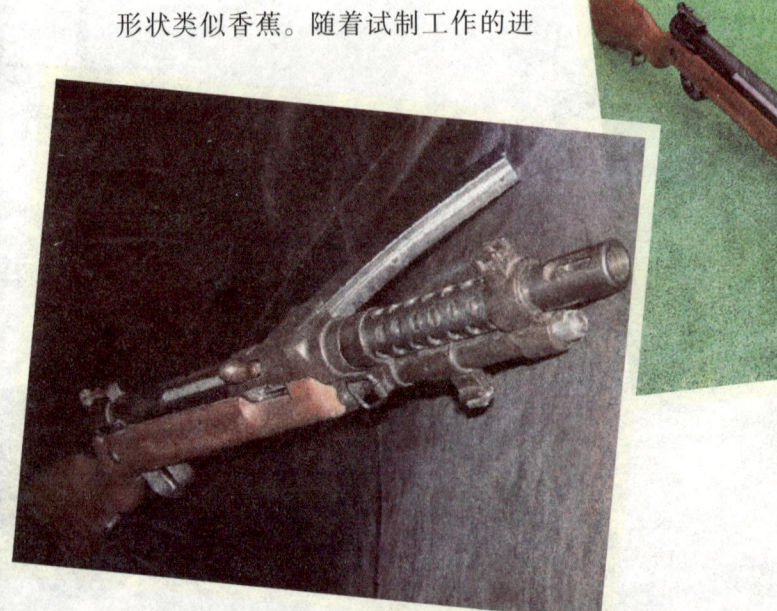

第二章 二战时世界枪械集锦

该枪全长900毫米,枪管长280毫米,枪重4.2千克,装弹量30发,射速700发/分。

百式冲锋枪共分为前期型、后期型和折叠枪托型三种,产量分别是1000、1万和数百枝。百式冲锋枪使用自由枪机原理,其枪机组件仿照了德国MP-34冲锋枪,由于该

枪始终处于没有保险的开膛待机状态,因此走火的危险很大。

百式冲锋枪的三种型号均装有

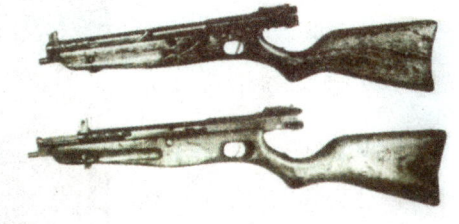

双脚架,其准星是切线型的,射程在50～600米之间,每50米的射程为一个刻度。后期刺刀不再装在枪身下,而是直接装在枪头部位,准星也变得更为简洁并予以固定,双脚架也被取消了。与此同时,弹匣也变得更加结实,当然因此也就无法与早期的冲锋枪互换弹匣。这种后期枪型也称为实战型,主要是为了使生产工序更简单。最后的折叠枪托型是将早期的枪托在冲锋枪的结构后端形成折页

式，主要配备日本海军的空降部队。

百式冲锋枪枪身外附有散热孔，还安装了刺刀，这在其他国家的冲锋枪中是很罕见的。国际上设计冲锋枪的根本指导思想，是通过密集的火力给敌人以威慑，但日本陆军却对白刃战有着特别的执着，往往在战斗的最后阶段拼刺刀。所以，直到战争后期，才有一支日本海军陆战队部队装备了百式冲锋枪，还是实验性质的。实验得出的结论是日本不适合装备冲锋枪，这使得百式冲锋枪一直没有被列为步兵标准武器。

战术思想落后的日本人认为步枪打得比冲锋枪准，所以他们宁可保证步枪和弹药的质量（其实连这

第二章 二战时世界枪械集锦

个也没有做到），也不浪费宝贵资源造冲锋枪。另外，日本工业生产力有限，无法大量地制造冲锋枪和弹药。

苏军和日军正好相反，他们在二战时的冲锋枪产量最高，使用最广泛，前线的步兵几乎都放弃了步枪而改用冲锋枪。原因很简单，苏军对德作战是靠人海战术和武器数量优势，需要不间断地用新兵补充战场损失。所以苏军士兵接受的训练时间很短，不可能去花时间练习枪法。而且对新手而言，冲锋枪要比步枪好用多了，制造过程也不那么讲究，因此非常符合苏联的国情。

英国司登冲锋枪

二战爆发后,英军还没有一支冲锋枪,直到法国沦陷后英国人才如梦初醒,要求尽快研制冲锋枪装备部队。英国恩菲尔德皇家兵工厂(Enfield Royal Ordnance Factory)的雷金纳德·弗农·谢泼德(Reginald.Vernon.Sheppherd)和哈罗德·约翰·特平(Harold.John.Turpin)两位设计师在很短的时间内完成了设计。1941年初,恩菲尔德皇家兵工厂制造了样枪,并以两位设计师的姓的第一个字母和ENFIELD的前两个字母命名,就成了著名的司登(STEN)冲锋枪。司登冲锋枪给人的印象是"加工粗糙,面目寒酸",人们对其使用的安全性也颇有微词。但它广泛采用冲压、焊接、铆接等工艺,减少了车削加工,并采用流水作业,大大加快了生产速度。当时生产一支只需要10.99美元,最贵的也不到20美元。因此,它制造简单、造价低廉、性能可靠、射击准确,在战场上的威力也不亚于造价昂贵的美国汤普森冲锋枪,所以很快得到了广泛应用。

第二章 二战时世界枪械集锦

◎ 日本二式伞兵步枪

从1940年开始,德国协助日本陆军建立了伞兵部队,日本人称之为"挺身落下伞部队"。日本人随即开始为伞兵部队找寻一种适合的武器,由于日军不相信冲锋枪,因此只在手上所有的几种制式步枪上打转,先后测试过折叠式枪托的三八式卡宾枪、旋入枪管的九九式步枪,均不合用。一直到1943年才采用了基于九九式步枪发展出来的拆卸式步枪二式小铳。这也是前无古人的第一把可以轻易地拆卸成二段的量产军用步枪,由此可见日本人喜欢钻牛角尖的严重程度。拆卸式枪械不但生产困难,而且有许多技术上的问题需要克服。况且,伞兵的任务多是深入敌方控制地区,已经不可能有重武器支援,再来个拉一发打一发的步枪,岂不是驱民于渊?但日本人不这么认为,据估计,日本在最后的两年中一共生产了2.2万支二式步枪。

兵器百科——枪械 057

◎ 友阪九九式 7.7 毫米步枪

九九式步枪的作业原理是旋转枪栓，毛瑟式前栓榫锁定，手动。其弹匣容量：内藏式弹仓，5 发；瞄准具：表尺照门，山字形准星；口径：7.7×58 毫米；枪管长度：657 毫米；枪重：4.1 千克；相容性：九九式短铳、九九式骑铳。制造年代：1939 年。

原本三八式使用的是 6.5 毫米子弹，由于其杀伤力不足，日本人便在 1938 年决定采用其在 1932 年开始使用的 7.7×58 毫米机枪弹改良型，采用无边设计，作为步枪子弹，1939 年定型量产，日本纪元 2599 年（昭和 14 年）服役，故称九九式步枪。

除了口径不同，九九式仍旧使用防尘盖表尺由三八式的 2400 米改为 1700 米，照门加上了两翼，辅助对空射击，还装有单脚架，上护木一直延伸到头箍，所有的枪管都镀铬。

中国的奉天兵工厂也是当时日本九九式的主要生产厂之一，除了主要兵工厂之外，许多民间工厂也加入生产，在战时一共生产了 260 万把。不过三八式仍然一直留在日

第二章 二战时世界枪械集锦

军部队中服役,而九九式主要配发到南洋战场,在中国战场并不多见。抗战胜利后,国民党政府的兵工署曾将大量九九式改膛为7.92毫米口径,配发二线部队使用。

◎ 九九式轻机枪

99式轻机枪服役年代:1939—1945年;口径:7.7毫米;枪管长:550毫米;全枪长:1185毫米;重量:11.4千克;装弹数:30发弹匣;发射速度:550发/分;子弹初速:670米/秒;尺标射程:2000米;最大射程:2700米。

确切地说,99式轻机枪的外观更像ZB-26。它在96式的基础上更进了一步,口径提升到7.7毫米,枪口上安装了喇叭形状的消焰器,其他方面与96式基本一样。这种1939年研制的轻机枪在太平洋战争与美军的作战中被大量使用。由于日军基本没有冲锋枪,更没有类似

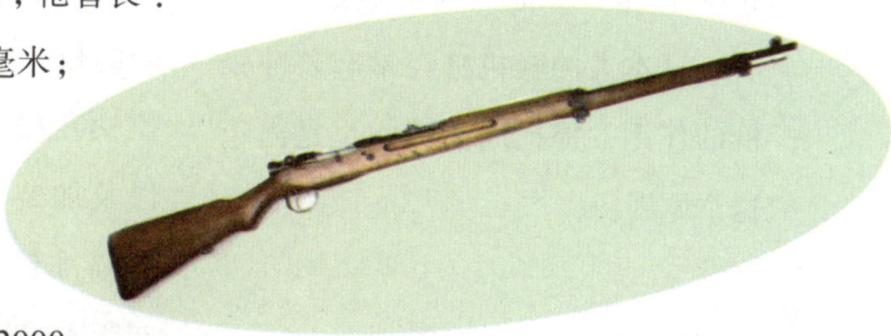

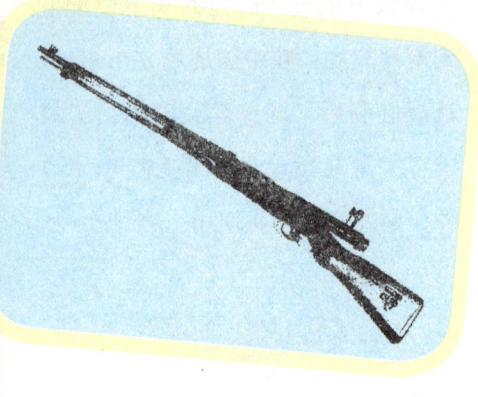

M-1半自动步枪这样的近战利器,所以日本人的轻机枪经常起着冲锋枪的作用,提把向前可能也是出于这个原因。

◎ 九七式步枪

日本九七式狙击步枪是在三八式步枪的基础上改装而成的,采用了相同的6.5毫米有阪(Arisaka)弹药。原来的三八式步枪也有狙击型步枪,九七式狙击步枪与三八式狙击步枪不同之处就是前者改用了较轻的枪托、加长的弯拉机柄(减少拉柄在操作时对瞄准镜产生干扰)以及加装了2.5倍或九九式四倍光学瞄准镜及单脚架(Monopod;后期版本已取消,成为九九式步枪标准配件)。要从外观上区分九七式狙击步枪与三八式狙击步枪是有困难的,必须近看仔细观察,三八式狙击步枪的机匣上有刻印"三八式",如果是大正三年(1914年)前的步枪上

还有传统的象征皇室的菊御纹章刻印。

◎ 九六年式轻机枪

日本九六年式 6.5 毫米轻机枪是日本于昭和天皇十一年，即公元 1936 年研发的一型轻机枪，因当年为日本神武纪元 2596 年，故将该型机枪定名为为"九六式"。九六式轻机枪采用导气式工作原理，是继"歪把子"之后，日本侵略者装备的新一代制式轻机枪。从该型机枪出台的时间可以看出，研发该型机枪，是日本军国主义为加紧扩大侵华战争准备的一个具体举措。在中国，九六年式 6.5 毫米轻机枪的名声，并不像它的兄长"歪把子"那么家喻户晓，耳熟能详。然而，它在日本侵略者手中，对中国人民乃至亚太地区人民所犯下的滔天罪行，却一点也不比"歪把子"

少。当然，在烽火连天的抗日战争中，中国抗日军民也曾经缴获大量的九六年式 6.5 毫米轻机枪，其数量并不在所缴获的"歪把子"数量之下，甚至比"歪把子"用得更多更广。

在中国抗日武装力量中，也有人将该型机枪称为"拐把子"的，但这个俗名并没有叫响，更没有叫开。九六年式 6.5 毫米轻机枪何以得名"拐把子"呢？究其主要原因，大概是由于猛地一看它的外观造型与"歪把子"相似之处甚多，"歪把子"所具有的日本"风格"在它身上甚至有增无减，特别是其提把、小握把和枪托造型显得格外别扭。而为了与"歪把子"有所区别，将其冠名为"拐把子"，倒也不失贴切。至于为什么"拐把子"不如"歪把子"家喻户晓，原因大概有三：其一，是两者在外观上十分相似，一般老百姓不大分辨

得出来；其二，在抗日战争时期，不论是在日军还是我抗日武装力量中，"拐把子"和"歪把子"长期处于混用局面，就是在解放战争时期，我军部队特别是地方部队中，"拐把子"和"歪把子"混用的情况也很普遍，当然这与两型机枪使用同一种枪弹有直接关系；其三，在中国人民眼中，"歪把子"已经成为日本鬼子机枪的代名词，在某种程度上甚至已经成为日本鬼子的又一个别称。当然，无论"拐把子"还是"歪把子"都饱含了中国抗日军民对日本鬼子的仇恨、鄙视和嘲讽。不过，也不能排除"先入为主""约定俗成"的惯性作用，在下面文字中我们就把"九六年式 6.5 毫米轻机枪"以"拐把子"代替。

1922 年，即日本大正天皇十一年，日军开始装备十一年式 6.5 毫米轻机枪，这就是我们非常熟悉的"歪把子"。尽管日军把"歪把子"

视为珍宝,但经过一段时期的使用,特别是"九一八事变"后,"歪把子"暴露出了相当多的问题。据史料记载,日本当时曾经把从中国获得的"捷克式"(即 ZB-26)轻机枪与其"歪把子"对比,深感"自惭形秽"。如若与关内中国军队作战,作为步兵部队使用极其广泛的轻机枪,"歪把子"的"不争气"显然不能适应作战需要,更不能适应日本军国主义恶性膨胀的扩张野心。于是日本军界,特别是陆军,研发新型轻机枪的呼声日高,步伐也日紧,这与在日军基层部队中绝对不允许说日本国产装备不好的情况形成了鲜明的反差。日本军国主义就是这样,一方面大肆在部队中推行"愚兵"政策,打"武士道"的精神牌;另一方面又大肆收集武器装备在部队使用中暴露出来的问题,并不遗余力地进行改进。"拐把子"就是为克服"歪把子"缺陷而诞生的产品。

知识百花园

日本"武士道"

　　武士道的要求最主要有几个方面：义、勇、仁、礼、诚、名誉、忠义。其渊源可以追溯到日本的国家神道和佛教，以及中国的孔孟之道，它是日本武士阶级必须严格遵守的原则。那武士道究竟是什么呢？一言以蔽之，武士道的诀窍就是看透了死亡，"不怕死"，为主君毫无保留地舍命献身。这种思想也是对传统儒家"士道"的一种反动。儒家的"士道"讲究君臣之义，有"君臣义合""父子天合"的人伦观念，但是日本"武士道"是以为主君不怕死、不要命的觉悟为根本，强调"毫不留念的死，毫不顾忌的死，毫不犹豫的死"！

第二章　二战时世界枪械集锦

◎ 九二式重机枪

在第一次世界大战中，日本陆军使用的重机枪是大正三年式重机枪。当时的陆军对重机枪的认识是，弹药能使用6.5×50毫米子弹，如果有2000米射程的话就足够了。但是和世界各国的重机枪相比威力不足（当时各国重机枪的标准口径7～8毫米），而且防空射击时射程距离也不足。

因此陆军于昭和四年将八九式机枪进行了改装，开发了以对空射击为主的、使用7.7毫米子弹的

八九式回旋重机枪,以用于地面部队。但以当时的日本的工业能力,根本无法大量生产这种型号重机枪。

日本陆军认识到八九式回旋重机枪的地面使用化改装不太容易,于是在昭和七年利用大正三年型重机枪试验开发使用7.7毫米子弹,因为口径增大的原因,又加强加大了枪体使其更加坚固,却也导致全枪重量增加,之后从昭和七年到八年对样枪进行了射击试验,昭和十四年,正式以九二式重机枪的名称定型。其基本构造沿袭了三年式重机枪的构造,不同之处为口径不同、光学瞄准镜不同、握把不同等。其瞄准装置采用了光学瞄准镜,远距离的命中精度相当高。子弹涂油装置以及供弹机构与大正三年型机关枪相同,增加了下八字型握把以及枪口消焰器。供应弹方式没有采取弹链供弹而是采取了弹板式,发射方法也不是手指的扳机式,而是变为对推的压铁式。因其特有的发射声音,被盟国的士兵们称为"啄木鸟"。

九二式重机枪在中日战争中第一次投入战斗,在整个第二次世界大战期间则作为日本陆军的制式机枪活跃在各条战线上,其优点是命中率高。据说在日本无条件投降后,自卫队开始采用武器时有人提出采用九二式重机枪的意见,但没有被采纳。在中日战争中,中国缴获了大量的九二式重机枪,并将其反过来用于打击日本鬼子。

第二章　二战时世界枪械集锦

◎ 九四式手枪

日本九四式手枪是为战车乘员、汽车兵、飞行员等重要非直接地面战斗人员所装备的自卫手枪，这种手枪精度上乘，而且重量比大正十四年式战斗手枪轻，并且也不需要经常保养擦拭。同样使用8毫米南部子弹，该枪杀伤力与大正十四年式一样凶残。此枪的绝对射击精度不如大正十四年式与南部战斗手枪。指向射击更准，特别适合没有时间苦练枪法、射击技术生疏的技术兵员。该枪的服役年代：1934～1945年；口径：8毫米；枪管长：95毫米；全枪长：180毫米；重量：720克；装弹数：6发；有效射程：50米；最大射程：550米。

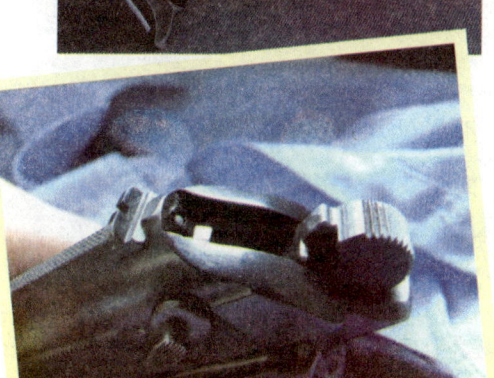

德国枪械

◎ MP18 冲锋枪

一战时期的欧洲步兵的传统进攻战术就是先用猛烈的炮火袭击，然后步兵上刺刀进行集群冲锋，前仆后继。由于交战双方的战壕工事越修越坚固，炮火无法彻底清除对方的火力，结果以密集队形冲锋的步兵往往遭遇敌军机枪组成的火力网，伤亡惨重。一战后期，德军将领胡蒂尔为了打破堑壕战的僵局，首创步兵渗透战术：经过特种训练的德军突击队跟随延伸的炮火从敌军防线薄弱处渗透，避开坚固要塞，不与守军纠缠，而是迅速向纵深穿插，破坏敌军的指挥系统和炮兵阵地。新战术要求突击队员具有良好的机动性和猛烈的火力，笨重的毛瑟步枪自然不能满足要求，冲锋枪就是在这种情况下应运而生的。冲锋枪是一种使用手枪子弹的自动武器，设计思路就是追求近距离的猛烈火力。

1918年，德国著名军械设计师施迈瑟设计了著名的MP18冲锋枪。伯格曼军工厂生产的伯格曼MP18型冲锋枪问世后，成为了世界上第

第二章 二战时世界枪械集锦

一支真正意义上的冲锋枪!

该枪发射9毫米手枪弹,虽然射程近、精度不高,但它适合单兵使用,具有较猛烈的火力,所以迅速装备了德国军队。一支冲锋枪加上数枚手榴弹,这就是德军突击队员的标准装备。德国人将其用在堑壕战中,每两个冲锋枪手配备一个带小推车的弹药手,再加上背满手榴弹的掷弹兵,带着手枪和磨尖的工兵铲的近战兵,背MG08机枪的机枪手、喷火兵,德国人的堑壕突击小队就编成了。可惜,由于《凡尔赛条约》规定禁止德国拥有MP18,所以战后几年MP18就只能装备警察部队了。

我国很早就有使用MP18的历史。一战后，作为德国剩余物资，毛瑟手枪和MP18一起流入了中国。当时中国管MP18叫"花机关"，主要是因为它可以连发，而且枪管外的散热套为多孔式。值得一提的是，北洋政府建立的巩县兵工厂1926年开始仿制MP18冲锋枪，并改用了当时流行的7.63毫米毛瑟手枪弹，俗称"花机关枪"。红军在数次反围剿和长征途中缴获不少花机关枪用于自身装备，其中红四方面军装备得最多。

工农红军在飞夺泸定桥时，突击队全部"花机关"火力还是很惊人的，也难怪

第二章 二战时世界枪械集锦

麻大点儿的桥头堡,再加上助战的机枪,连露头都不能,更别说还击了。直到抗战初期,中国军队中的冲锋枪仍然是以MP18为主,八百壮士守四行、血战台儿庄、喜峰口大战,MP18和中国抗战军民一起度过了那最艰难的岁月。

德国MP18冲锋枪口径:9毫米;枪长:815毫米;枪重:4.17千克(空枪重4千克);供弹方式:20/32发弹匣,32发蜗牛型弹鼓;使用9×19毫米鲁格手枪弹;射速:400发/分;枪口初速每秒钟380米,射程150米。

双枪兵挡不住。100米不到,正好是冲锋枪发挥火力最合适的距离,10多支冲锋枪下雨似的反复扫射芝

苏联枪械

◎ PPSh41 冲锋枪

苏联 PPSh41 式 7.62 毫米冲锋枪,又名"波波莎"冲锋枪,是苏联著名轻武器专家乔治.S. 什帕金设计的。这支具有传奇色彩的冲锋枪,在 1941 年初完成部队试验之后,当年就正式装备了红军部队。

在此之前,苏军步兵分队中的单兵枪械主要是莫辛·纳甘 7.62 毫米步枪以及少量由苏联枪械专家捷格佳廖夫设计的 PPD(波波德)34/38 和 PPD40 式 7.62 毫米冲锋枪。从外观到内部结构,"波波德"冲锋枪都承袭了芬兰"索米"冲锋枪的基因。"波波莎"取代了"波波德"以后,立刻经历了残酷的战争考验。它的显著特点——很高的可靠性和

第二章 二战时世界枪械集锦

很强的攻击性,在列宁格勒、斯大林格勒保卫战中表现得尤为突出:哪里有红军、红海军陆战队的突击队员,哪里就有"波波莎"。"波波莎"很快使"大威力步枪制胜"的传统观念转变到使用手枪弹的冲锋枪上来,并在苏联红军中树立了很高的威信。"波波莎"甚至成了苏联红军的象征。一年一度的红场阅兵,都有一个佩挎"波波莎"冲锋枪的方队。2001年5月的红场阅兵再一次出现了"波波莎"冲锋枪方队。

1941年底,"波波莎"冲锋枪开始大规模生产,并且整营整营地装备红军部队。截至1945年,苏联共生产了400多万支"波波莎",到40年代末,已增长到500多万支。战后,一些国家开始仿制"波波莎"冲锋枪。其中,匈牙利的仿制品被命名为M48,朝鲜的叫49式。我国也于1950年开始仿制"波波莎"冲锋枪,1951年6月,第一批50式冲锋枪就被送到了志愿军手中。在抗美援朝战争期间,刚生产出的50式冲锋枪几乎都是直接装车运往前线。截至1953年12月,我国共生产了35.8万支50式冲锋枪。越南则在我国50式冲锋枪的基础上,仿改生产了带有可伸缩金属枪托的K50式。发生在欧、亚、拉美、

非洲的历次局部战争和武装冲突中,人们都能看到"波波莎"的身影。

"波波莎"冲锋枪被称赞为具有战神一样的魅力。战争实践证明"波波莎"确实是历史上最好的冲锋枪之一。在二战当中,苏联的PPSh41以其结构简单、动作可靠、性能优良、火力猛烈且造价低廉而饮誉武器界。从外观上一眼看去,"波波莎"就如同一个憨厚质朴的俄罗斯村姑,显得非常粗糙,甚至有点笨拙,然而其内在却蕴含了丰富的灵巧和智慧。

◎ PPS43 冲锋枪

苏联是二战中生产和使用冲锋枪的一个大国。从1941年起,苏联人就大量生产了PPD34/38和PPD40型冲锋枪,并装备部队。此后,又迅速推出了"波波莎"PPS41和"波波莎"PPS42冲锋枪,到40年代末,苏联共生产了500万支"波波莎",是二战期间苏军使用数量最多的一种冲锋枪。

PPS42/43由阿列克赛苏达列夫设计,采用折叠式枪托,用35发弧形弹匣供弹。以PPS43为例,其

第二章 二战时世界枪械集锦

重3.36千克，初速500米/秒，理论射速650发/分。值得一提的是，PPS42型是在德军已兵临城下的极端困难的情况下研制生产的。当时苏军的每一个步兵连都有一个冲锋枪排，在战场上，苏军还创造了一个任何国家军队都不敢尝试的战术——全部装备冲锋枪的部队以人海战术蜂拥般冲向德军阵地。他们常常搭乘在坦克上，一只手抓住炮塔上的把手，一只手紧握冲锋枪，随时准备为坦克扫清障碍，他们肩上都有一个不小的背囊，装着备用弹匣，遇有敌情时，士兵们从坦克上跳下，用冲锋枪肃清敌人，完成任务后，他们又像燕子一般飞奔登上行驶的坦克。此时，坦克为步兵开辟道路，这些手握冲锋枪的枪手则是坦克最可靠的保护神，在弹火纷飞的战场上，他们随时可能伤亡。据资料表明，这些伴随坦克前进的冲锋枪手，战斗生涯很少有超过3个星期的。

◎ SVT40 半自动步枪

SVT是"托卡列夫自动装填步枪"的缩写，由苏联著名的轻武器设计师费德洛·托卡列夫设计，是第二次世界大战期间苏联红军步兵的制式装备。该枪使用1908式7.62×54毫米凸缘步枪弹，弹匣容量10发。

英国枪械

◎ 李·恩菲尔德 4 型步枪

恩菲尔德镇位于英国伦敦的北郊，英国政府于 1804 年在那里建了一家兵工厂，最初的恩菲尔德兵工厂只是负责组装布朗-贝斯（Brown Bess 燧发枪），后来发展成设施完善且具有研发能力的轻武器

第二章　二战时世界枪械集锦

研究和生产厂。虽然英国皇家兵工厂有不只一家轻武器工厂，但恩菲尔德是主要的研发中心，在那里研制的步枪被冠以恩菲尔德步枪的名称。第一种使用"恩菲尔德"名字命名的步枪是在1853年设计的一种单发前装式线膛击发枪。1866年又设计了后装式斯耐德-恩菲尔德步枪，这是把前装弹的1853式恩菲尔德步枪改装成后装弹的斯耐德式后膛的产品，口径为0.577英寸。

1888年12月，英国军队正式采用了0.303口径李-梅特福弹匣式步枪，或简称为MLM步枪。在这个名称中，包含了两个发明家的名字，其中的"李"是指詹姆斯·巴黎·李（James Paris Lee，1831～1904），他设计的旋转后拉式枪机和盒形可卸式弹匣（在使用中弹匣不拆卸，子弹通过机匣顶部填装）为李-梅特福步枪所采用。李氏步枪的旋转后拉式枪机的后部有两个与机匣壁内闭锁面配合的闭锁凸笋，机头和拉壳钩与机体是独立的，不随机体回转。与前端闭锁枪机（例如典型的毛瑟式步枪）相比，后端闭锁可以缩短枪机行程，装填速度很快。此后的几十年里，英军采用的多种

留物在枪膛内的积聚，在黑火药时代广泛应用于英造步枪上。

MLM Mark.I 步枪采用 8 发单排弹匣供弹。1892 年又定型了略作改进的 MLM Mk.II 步枪，Mk.II 改用 10 发双排弹匣，弹匣是可以拆卸的，目的是为了便于维护或损坏时更换，步枪在正常使用期间枪弹是通过机匣顶部的抛壳口（装弹口）填装进去的，与同时代的其他固定弹仓的连发步枪相同。子弹装填速度快，再加上比同时代的步枪多了一倍容量的弹匣，李氏步枪于是成了同时代设计中实际射速最快的步枪。

恩菲尔德步枪均是这个系统的改进，因此这一系列武器也常常被统称为"李氏"步枪。"梅特福"指的是威廉·埃利斯·梅特福（William Ellis Metford, 1824~1899），是精通机械的英国土木工程师，他发明了 0.303 口径全被甲弹及相应的膛线，这是一种稍带圆角的浅阴线，被称为"梅特福膛线"，可以减少火药残

◎ 布伦轻机枪

布伦式轻机枪也称布朗式轻机枪，是第二次世界大战中英联邦国家军队的支柱。布伦式轻机枪经过

第二章　二战时世界枪械集锦

苛刻的测试，良好的适应能力使得它的使用范围十分广泛，在进攻和防御中都有它的身影，是被战争证明过的最好的轻机枪之一。它和美国的勃朗宁自动步枪一样，能够提供攻击和支援火力。

最初，由捷克斯洛伐克设计的ZB26轻机枪参加英国新型轻机枪选型，1933年被英国军方选中，并根据英国军方的要求改进成了布伦式轻机枪。它同ZB26轻机枪一样采用导气式工作原理，枪机偏转式闭锁方式，即枪机尾端上抬卡入机匣的闭锁槽实现闭锁。布伦式轻机枪枪管口径改为了英制0.303英寸（7.7毫米），发射英国军队的7.7×56毫米R标准步枪弹。30发弹匣供弹，位于机匣的上方，从下方抛壳，为了适应英国军队使用的有底缘步枪弹，改成弧型弹匣。由于弹匣在机匣正上方，该枪带护翼的准星和觇孔式照门都偏出枪身左侧安装，枪管口装有喇叭状消焰器。该枪缩短了枪管与导气管，取消了枪管

079

散热片，这也是它与 ZB26 轻机枪最明显的区别。该枪在导气管前端有气体调节器，设 4 档调节，每一档对应不同直径的通气孔，可调整枪弹发射时进入导气装置的火药气体量。射击时拉机柄并不随枪机一起前后移动，拉机柄可折叠，在行军状态时将其折回，避免行进中被扯挂。供弹口、抛壳口、拉机柄等机匣开口处均装有防尘盖。布伦式轻机枪使用提把与枪管固定栓可以快速更换枪管。它采用两脚架，也可以架在三脚架上以提高射击稳定性（与 MG34 机枪兼顾重机枪的持续火力的概念不同）。

1935 年，英国正式将该枪列装为制式装备，并从捷克斯洛伐克购买了该枪的生产权，由恩菲尔德

兵工厂制造，1938 年投产，命名为"MKI 7.7 毫米布伦式轻机枪"，"布伦"（BREN）的名字由捷克斯洛伐克生产商布尔诺公司（Brno）和英国生产商恩菲尔德兵工厂（Enfield）的前两个字母组成。布伦式轻机枪在第二次世界大战中大量装备了英联邦国家军队，口径改为 7.92 毫米的布伦式机枪还曾装备了抗日战争时期的中国军队。由于性能相当出色，二战结束后众多英联邦国家军队还选择继续装备布伦式轻机枪。

1953 年，北约欧洲各国统一了步枪制式口径，英国将布伦式轻机枪重新设计改进成 L4 系列轻机枪，以适应北约制式 7.62×51 毫米 NATO 无底缘步枪弹。

第二章 二战时世界枪械集锦

达姆弹

  达姆弹是英国制造的一种杀伤力非常大的子弹,因由印度加尔各答附近一个叫达姆的地方兵工厂生产而得名。子弹本身的大小只有成年人的一节指头,但所造成的伤口可以有半只手板的大小。达姆弹出现于1897年,由达姆兵工厂军方总监克莱上尉设计。弹头尖端没有包覆而露出铅心,子弹射入人体后铅心扩张或破裂,从而扩大创伤面,造成对人员的严重伤害。当时的火枪所使用的枪弹是铅弹,由于铅比较软,因此在击中人体后往往会将所有动能全部释放出来,具体表现为弹头发生严重形变乃至破裂,导致人体组织出现喇叭型空腔,创伤面积是弹丸截面积的上百倍,而且它还会瞬间对人体的血液循环系统产生巨大压力。但伤者的痛苦不止于此,如果弹丸的碎片没有全部从伤口取出,那么就会造成铅中毒,即使侥幸碎片比较少,通过外科手术取出来了,弹丸在射入人体后也会把一些衣物碎片什么的带入伤口,造成感染。100米距离上遭达姆弹直接命中头部,90%的人会死亡;击中四肢,20%死亡,剩下的全部截肢;击中左胸(心脏附近),100%死亡;击中右胸,70%死亡;击中腹部,70%死亡。鉴于其造成的严重后果,达姆弹现已被国际社会禁止使用。

◎ 维克斯·马克沁重机枪

美国工程师海勒姆·斯蒂文斯·马克沁出身贫寒，通过勤奋自学而成为知名的发明家。1882年，马克沁赴英国考察时，发现士兵射击时常因受老式步枪的后坐力冲击，肩膀被撞得青一块紫一块，这说明枪的后坐具有相当大的能量，这种能量来自于枪弹发射时产生的火药气体。马克沁正是从人们习以为常、熟视无睹的后坐现象中，为武器的自动连续射击找到了理想的动力。

马克沁首先在一支老式的温切斯特步枪上进行了改装试验，利用射击时子弹喷发的火药气体使枪完成开锁、退壳、送弹、重新闭锁等一系列动作，实现了单管枪的自动连续射击，并减轻了枪的后坐力。马克沁在1883年首先成功地研制出了世界上第一支自动步枪。后来，他根据从步枪上得来的经验，进一步发展和完善了他的枪管短后坐自动射击原理。他还改变了传统的供弹方式，制作了一条长达6米的帆布弹链。为机枪连续供弹。为给因连

第二章 二战时世界枪械集锦

续高速射击而发热的枪管降温冷却,最终,马克沁还采用水冷方式。马克沁在1884年制造出了世界上第一支能够自动连续射击的机枪,射速达每分钟600发以上。

在1893～1894年南中非洲罗得西亚英国军队与当地麦塔比利—苏鲁士人的一次战斗中,一支50余人的英国部队仅凭4挺马克沁重机枪就打退了5000多麦塔比利人的几十次冲锋,打死了3000多人。

马克沁重机枪获得成功后,许多国家纷纷进行仿制,一些发明家和设计师针对马克沁重机枪的原理和结构进行了改进和发展。1892年,美国著名械设计家勃朗宁和奥地利陆军尉冯·奥德科莱克几乎同时发明了最早利用火药燃气能量的导气式自动原理的机枪,这种自动原理至今仍为大多数机枪所采

兵器百科——枪械 083

用。美国枪械设计师霍奇基斯所设计的 1814 型机枪是最早的气冷式机枪，这种机枪取消了水冷式机枪上笨重的注水套筒，使机枪变得较为轻便。

自从 1873 年马克沁重机枪问世以来，已经先后有超过 3200 万人死在了它凶猛的火力下。其实，马克沁问世的第一仗就已经大大出名了，在 1876 年英国侵略南非战争中，50 名英军士兵用 30 挺马克泌重机枪打死了当地部落 6000 人，据说被打死的人一排一排像割草一样倒下来，那是因为马克沁的火力太猛，扫射的子弹就像流水一样。

但真正让马克沁出风头还是第一次世界大战。当时德军装备了马克沁重机枪，在索姆河战斗中，一天的工夫就打死 6 万名英军，成为第一次世界大战中死亡人数最多的一次战斗。从那以后，各国军队都相继装备了马克沁重机枪，马克沁由此成为世界闻名的杀人利器。

在抗日影片中，那个大头有带子的机枪就是马克沁。据抗日老兵回忆，马克沁开火时，只能看到一片弹雨，人遇上了，立即就被打成马蜂窝。马克沁杀人时，就像割柴草一样。人海战术在马克沁面前，完全失效，上一批死一批。

在第二次世界大战中，随处可见马克沁的身影，因为它杀人速度快，杀伤力量大，因此交战双方都对马克泌青眼相加，美、英、德、意、日等国都大量采用了马克沁重机枪。也正因为这个原因，二战的死亡人数才会突破 5500 万。

第三章　中国枪械集锦

>>>

枪械自被发明以来，就被广泛应用于战争等军事活动中，至今已经历了无数战火的洗礼。在战争中，枪械一方面发挥了其强大的威力优势，另一方面其缺点也同时被暴露出来了。于是，根据枪械在战争中的表现以及得到的经验，专家们对枪械进行了不断的改进。经过不断的发展，枪械的威力变得越来越强大，其种类也越来越多样。在战争时期，很多西方国家的科技水平远远高于中国，所以他们的枪械也远比我们的先进。但是经过多年的不断努力研究，中国的枪械制造水平已经有了很大提升，而今中国的枪械种类繁多，水平一流，有些甚至已经占据了世界枪械领先地位。这一章我们就来介绍一下中国的枪械发展过程及种类。

第三章　中国枪械集锦

50式7.62毫米冲锋枪

新中国成立初期，全军枪械系列除部分从苏联进口外，还开始自行仿制。1950年，我国仿照苏联PPSh41"波波莎"式7.62毫米冲锋枪，生产出了新中国第一种国产冲锋枪。后经毛泽东批准命名为1950年式7.62毫米冲锋枪，当年生产3.6万支并且装备了部队，主要装备中国人民志愿军。

该枪采用自由枪机式自动原理，惯性闭锁，开膛待击，可以单、连发射击。整个机匣和枪管护筒由钢板冲压而成，枪管材料改为50A钢，内膛镀铬。全枪多采用焊接、铆接等一次成型工艺，配有35发弹匣或71发弹鼓，具有结构简单、火力较猛、生产成本较低、便于大量生产等特点。

56式冲锋枪

中国56式冲锋枪,正式名称为1956年式冲锋枪,近年来也开始改称为突击步枪,仿自苏联AK47型7.62毫米突击步枪,1956年生产定型,1963年改型56-1式,1980年改型56-2式,1991年改型QBZ56C式,研制小组的组长为赵瑞之工程师。由于当时我国的武器思想较为传统,因此这种发射中间型威力枪弹的全自动武器定型时被称为冲锋枪。同一年定型的还有56式半自动步枪(仿制SKS半自动步枪)和56式轻机枪(仿制RPD轻机枪),都是完全不同的武器。仿制56式枪械是在全面引进的基础上进行的。在50年代中期,我国从苏联引进产品图、设计计算、尺寸链计算、试验检查规范等全套资料,以及工艺规程、工装资料等工艺技术文件,甚至还有部分硬件,如成枪、部件以及关键工装、刀具、量具等。56式冲锋枪是我国生产和装备量最大的自动步枪,至今仍在装备部队。

◎ 结构特点

56式冲锋枪与AK47突击步枪的性能基本一致,外形上稍有不同,例如AK47的准星为半包式两侧护翼,而56式冲锋枪则为全包式的护

第三章 中国枪械集锦

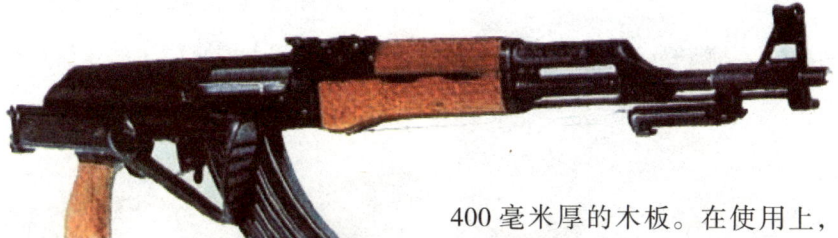

环,护环顶端有开孔。56式冲锋枪最特别的是采用了折叠式的三棱刺刀,充分发扬了我军的"刺刀见红"精神。这些是二者在外观上最大的不同之处。

56式冲锋枪的枪托为木制固定枪托,在1963年又推出了仿制AKS的56-1式折叠枪托冲锋枪,枪托向下折叠。

56式冲锋枪系列的战斗射速为点射每分钟90～100发,单发射击每分钟40发,配用1956年式7.62毫米普通弹(通常称为56式步枪弹),在100米距离上能击穿6毫米厚的钢板、150毫米厚的砖墙、300毫米厚的土层或400毫米厚的木板。在使用上,该枪对单个目标在300米内实施点射,在400米内实施单发射击效果最好,集中火力可对500米内的飞机、伞兵进行射击,可以杀伤800米内的集团目标,弹头飞到1.5公里处仍有杀伤力。56式冲锋枪和AK47一样性能可靠,采用枪机回转式闭锁方式,活塞长行程自动原理;操作简便,易于训练和维修,自动机在任何环境下均能获得足够的后坐动能,确保在风沙等恶劣条件下射击也有良好的可靠性。但缺点也和AK47一样,巨大的后坐能量导致射击时产生强烈的震动,尤其点射时,

态。退弹过程：弹匣扣位于弹匣槽的后部，卸下弹匣后，后拉拉机柄，退出膛内枪弹。

很难控制枪身的抖动，导致射击精度差，重量偏大。

该枪的保险/快慢机位于机匣右后方，按压快慢机至上方位置时为保险状态，将锁定拉机柄和枪机，阻止其运动；向下一档至"连"或"L"处为连发模式，至"单"或"D"处为单发射击模式。后改成"0""1""2"：0表示保险状态，1表示单发，2表示连发，后来我军就通用0、1、2来表示枪的3种状

◎ 装备情况

长时间以来，中国战术指导思想是"全民皆兵"，强调传统步枪的作用，即能在中远距离上瞄准射击，在接近距离上要刺刀见红，可以大量装备做到人手一支，又可以控制弹药消耗，所以对单发步枪（半自动步枪）情有独钟。因此，一开始时，

第三章　中国枪械集锦

56式冲锋枪并未在全军战士中配备，只是在步兵班少量配装，主要是用于提供近距离的压制火力，担当"冲锋枪"的角色。在中印边境之战后，56式冲锋枪的装备数量开始逐步增加，在对越自卫还击战中，56式冲锋枪已经成为步兵班的主要武器。

在抗美援越期间，中国曾给北越军和游击队提供了大量的56式冲锋枪，据说当时越军手中的56式冲锋枪比中国还多，后来在对越自卫还击战中，双方的武器基本都是56

式冲锋枪。中国生产的56式系列冲锋枪也广泛地出口至其他第三世界国家，被称为中国AK。同时，中国AK在美国的民间市场上也以其性能

可靠、价格便宜而很受欢迎。虽然我军在20世纪80年代全面装备了81式自动步枪，但直到今天，56式系列冲锋枪仍有部分在我军中服役，在民兵单位中也装备有一定数量的56式冲锋枪。

◎ 改进型号

早期的56式冲锋枪完全仿自AK47，只是快慢机档位上印的是汉字，刺刀也完全仿造AK47第三型刺刀。但这种56式冲锋枪产量不是很

第三章 中国枪械集锦

大,后来改进了准星并在枪管下增加了标志性的折叠刺刀。1963年,56式冲锋枪的改进型56-1式冲锋枪设计定型。56-1式冲锋枪主要供空降兵和特种部队使用,它的最大特点是将原有的木制枪托改为可向下折叠的钢制框架枪托,使结构更加紧凑。

1980年,56-2式冲锋枪设计定型。56-2式冲锋枪的主要改进是取消了刺刀(但仍有少量依旧保留折叠刺刀),枪托改为右向折叠。另外在细节上也作了一些不易察觉的改进,如56式冲锋枪的保险扳把上端形状与机匣和机匣盖间的让位槽相同,当保险扳把处于保险状态时,刚好可以盖住让位槽,携行时可防沙尘进入。56-2式冲锋枪在此基础上加宽了保险扳把的宽度,在机匣盖的下檐设计了一个突出的"屋檐",保险扳把在保险状态下可伸入"屋檐"下,防尘效果更好。

在新材料的选用方面,56-2式冲锋枪尝试了以玻璃钢零件代替木

制件的做法：护木、握把、枪托护板均采用玻璃钢制件，握把的曲线形设计较原来的木制握把更为舒适。上、下护木分别以栓销固定于枪身上。由于玻璃材料的硬度及耐磨性远优于木制件，而且耐潮湿，因此使用寿命长于木制件，而且从节约资源的

角度考虑，也有长远的意义。美中不足的是，玻璃钢零件不具备木制件所特有的弹性，因此在沿用56式冲锋枪枪身结构的情况下，上、下护木很容易松动。

早期的56式冲锋枪为锻造机匣，后改为冲压机匣。冲压机匣和锻造机匣的区别主要是冲压机匣上有铆钉和冲压凹坑，锻造机匣两侧有长方形铣削凹坑以及固定木托形状；冲压机匣为类似AKM的流线形，锻造机匣为AK47的多边形。因为56-2式冲锋枪定型较晚，故一开始生产即

第三章　中国枪械集锦

合理,虽然牵强地缩短了全枪的长度,但会影响自动步枪的操作,是一种弄巧成拙、得不偿失的做法。在56式冲锋枪原有的设计中,因为枪身右侧有突出的拉机柄,所以背带环被安置在了枪身左侧。

采用了冲压机匣,节约了生产成本,提高了生产效率,将节套、尾座等零部件铆接于机匣上,抛壳挺点焊于机匣左侧内壁。

在折叠枪托自动步枪的设计过程中,枪托的折叠方式很重要。若设计得合理,可以在充分发挥步枪火力优势的前提下提高勤务性;设计得不

设计56-2式冲锋枪时,为了不影响原有的结构,侧向折叠的枪托只能向右折叠。但这种设计必然会影响到枪托折叠状态下射

手对保险扳把的操作（开、关保险、单、连发转换等）。为解决这一问题，设计人员调整了枪托折叠后的角度，使水平折叠改为略向下倾斜，并在枪托右侧护板上留出了为保险扳把轴让位的槽子，以让开保险扳把，方便操作。但这种方法并没有完全解决枪托折叠状态下与保险扳把的干涉问题，尤其在射手戴手套射击时更为不便。相比之下，81-1式自动步枪就很好地解决了这个问题。

56-2式冲锋枪作为56式冲锋枪的折叠枪托改进型，由于操作性问题及81-1式自动步枪的定型，因此没有像56式冲锋枪和56-1式冲锋枪一样被广泛列装，但其折叠枪托的结构及玻璃钢材料的应用对后来国产自动步枪的研制生产仍有着非常重要的意义。

56式冲锋枪和AK47一样，

第三章　中国枪械集锦

都是采用铣削机匣的，这种机匣的缺点是比较重，而且加工过程复杂，成本高，耗材多。但由于50年代末中苏关系问题，我国不能得到关于冲压机匣这方面的援助。赵瑞之在1964至1967年担任援建阿尔巴尼亚国防工程55项目专家组组长，期间接触过AKM，回国后便进行把56式冲锋枪的机匣改为冲压生产的攻关研究。因为冲压机匣便于生产，成本低，因此56式冲锋枪的生产线都逐步改为生产冲压机匣，不过原装备的铣削机匣的56式冲锋枪仍在使用。识别中国生产的冲压机匣与其他国家冲压机匣的一个明显特征，就是中国的冲压机匣铆接方式与RPK类似，而与AKM不同。

知识百花园

奥匈帝国

是1867年至1918年间的一个中欧的"二元君主国"（Dual-Monarchic Union）、"共主邦联国家"。在这段时间里，匈牙利王国与奥地利帝国组成联盟，这个联盟的全称是"帝国议会所代表的王国和领地以及匈牙利圣史蒂芬的王冠领地"。在这情况下，匈牙利国王与奥地利皇帝均是同一个人（Franz·Joseph）。匈牙利对内享有一定程度的地位，于立法、行政、司法、税收、海关等享有自治权；对外事务方面（外交和国防）则与奥地利一样，统一由帝国中央政府处理。该国的国家格言是：Indivisibiliter ac Inseparabiliter（拉丁语，不离不弃）。

奥匈帝国是匈牙利贵族与奥地利哈布斯堡王朝在争取维持原来的奥地利帝国时所达成的一个折衷解决方法。二者有各自的首府，奥地利首府在维也纳，匈牙利首府在布达佩斯。奥匈帝国是当时仅次于俄罗斯帝国的欧洲第二大国，人口仅次于俄罗斯帝国及德意志帝国，居于第三位。它是一个多民族国家，内政主要由它的十一个主要民族之间商议决定。当时欧洲各地民族独立思想不断发展，虽然奥匈帝国在其成立期间不断有民族起义和其他纠纷，但在它所存在的约50年间整个国家的经济不断发展，国家实现了现代化，许多开明的改革得以施行。第一次世界大战后，奥匈帝国解体。

第三章　中国枪械集锦

67式机枪

◎ 67式轻重两用机枪

经过十几年的仿制过程后，北京工业学院、人民解放军军械研究所与有关军工厂于1967年联合研制成功一种轻重两用机枪，命名为1967年式7.62毫米通用机枪。它是新中国自行研制并大量装备军队的第一种机枪。在该枪基础上，此后又推出了性能更优的67-1式和67-2式通用机枪。它们伴随步兵战斗，能对付地面有生目标、薄壁装甲及低空飞行目标。机枪上的瞄准装置可平射、

高射，也能在夜间使用。67式轻重两用机枪以重机枪为主，兼作轻机枪使用，也可对空射击，配有三脚架和固定两脚架。

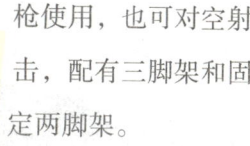

该枪采用导气式自动原理，枪机偏移式闭锁机构，一次供弹，实施连发射击。

已被67-2式重机枪取代。由于67式轻重两用机枪主要作重机枪使用，因此将67-1式机枪称作重机枪。该枪采用导气式自动原理，枪机偏移式闭锁机构，一次供弹，实施连发射击；配有两脚架，可拆卸。

◎ 67-2式重机枪

◎ 67-1式重机枪

67-1式7.62毫米重机枪是67式轻重两用机枪的改进型，1978年设计定型，1980年生产定型，目前

67-2式7.62毫米重机枪是67-1式重机枪的改进型，1982年设计定型，是我国目前的主力重机枪。该枪采用导气式自动原理，枪机偏移式闭锁机构，一次供弹，实施连发射击。该枪的主要改进在于以下几个方面：减轻重量；对气体调节器、伸缩提把、枪管材质等结构进行改进；改进枪架；采用25发一节的分段组合式弹链等。

第三章　中国枪械集锦

79式7.62毫米冲锋枪

79式7.62毫米轻型冲锋枪，简称"79式冲锋枪"，是我国设计制造的第一种轻型冲锋枪，1979年设计定型，1983年生产定型。了近30万支，广泛装备了部队、武警、公安。

◎ 结构特点

该枪主要以单发和点射火力杀伤200米以内敌有生目标，具有结构简单、体积小、重量轻、精度好、近距离火力强、携带使用方便等特点。

79式7.62毫米轻型冲锋枪是我军80年代侦察兵、现今武警部队、公安干警的单兵自动化武器，它从设计定型至今已有30年左右，到目前已生产

兵器百科——枪械　101

79式冲锋枪采用导气式自动方式，枪机回转式闭锁机构。这种机构具有工作可靠安全、运动平稳、闭锁支撑面在发射时受力均匀等特点。枪机前端有左右对称的闭锁笋，开闭锁定型槽设在机心上，减小了自动机的高度和宽度，使活动件的质心接近弹膛轴线，有利于提高射击精度。79式冲锋枪还设有缓冲机构，由缓冲垫座和橡胶垫组成，用以吸收自动机多余的后坐能量，起到缓冲后坐的作用。枪弹击发后，火药燃气推动弹头向前运动，一部分燃气经导气孔进入气室冲击活塞，活塞撞击枪机框使其获得动量向后运动。枪机框走完自由行程，带动机心完成开锁后，继续后坐，完成抽壳、压倒击锤、压缩复进簧、抛壳、后坐到位。然后，在复进簧作用下，枪机框向前复进，完成推弹入膛、闭锁、解脱到位保险，并复进到位，至此，完成自动机整个循环过程。

79轻冲采用活塞短行程导气式自动方式，射速高达1000发/分以

第三章 中国枪械集锦

上,该枪发射时后坐速度 11.5 米/秒,后坐力较小,便于射击,枪身短、操作灵活、反应快,能较好地为特种作战提供便利,从而弥补了手枪及步枪存在的不足。特别是在山地、丛林、短兵相接、城市巷战及解救人质的战斗中,79 轻冲的战术地位就更加明显了。

从弹药方面来讲,79 轻型冲锋枪与 54 式冲锋枪一样,使用的也是 51 式 7.62 毫米手枪弹,所不同的是,54 式冲锋枪采用弯弹匣,79 式冲锋枪则采用直弹匣。这是考虑到 51 式手枪弹锥度较小而采取的结构,实践证明,这种弹匣与 51 式手枪弹非常相配,便于使用。79 式冲锋枪采用刚性折叠枪托,在枪托折叠与展开的情况下均可实施单、连发射击,具有良好的射击精度;另外,枪托折叠时,恰好被气塞前卡销卡住,便于固定。握把的弯形设计便于握持,且握把内装有冲子、毛刷等附件。从携行和机动能力来讲,79 轻便于乘车或狭窄地形上使用,为武警部队、公安干警、特警遂行战斗任务提供了便利条件。

科普知识博览
Ke Pu Zhi Shi Bo Lan

◎ 研发历史

79式冲锋枪的研制工作最早可追溯至1965年8月。起初，原军械部属下的一家研究所接受任务研制一种适合丛林地带使用的冲锋枪，简称"丛林冲锋枪"。当时研制条件极端艰苦，没有试验室，也没有必要的试制加工条件，而且技术人员又是刚从学校毕业不久的大中专生，缺乏工作经验。因此初步方案样枪是在一个民用机械加工厂进行试制的，装配成枪后根本就没打响。1966年5月，"文革"开始，研制工作受到很大干扰，无法正常进行，因此停止了"丛林冲锋枪"的研制。1967年根据要求恢复研究，而到1969年又再次下马。期间科研人员频繁调动，科研工作几乎是处于无人管的状态。1970年3月，解放军总参二部要求研制一种适合侦察兵、通信兵、炮兵、空降兵等特种专业分队以及公安人员使用的便于携行的武器。此项目交由中国兵器工业第

104　兵器百科——枪械

第三章　中国枪械集锦

208研究所（简称"208所"）研制，在4月份重新组织人员继续上马研制"丛林冲锋枪"，此时改名为"7.62毫米轻型冲锋枪"，由刘质桐担任项目组长。

1971年12月至1972年1月，新型冲锋枪的样枪第一次在国家靶场试验，当时出现的问题是卡壳、卡弹、主要零部件强度不够。改进后在1974年第二次进国家靶场，但仍未顺利通过试验。到1975年9月，第三次进入靶场试验，武器仍存在一些细节问题。之后，项目组在工厂试制了100支冲锋枪，先后到济南、沈阳、兰州、昆明等地进行部队试用，并分别进行高温、泥沙使用试验，得到部队认可。由于第三次国家靶场试验仍遗留一些问题，在部队试用后，1978年4~5月，新型冲锋枪第四次前往国家靶场进行补充设计定型试验，这一次终于顺利通过。1979年9月25日，这支冲锋枪被轻武器定型委员会批准设计定型，正式命名为"1979年式7.62毫米轻型冲锋枪"。

◎ 枪支缺点

在研制前期，开始论证时的主导思想是超过国内曾经装备过的同等威力的仿苏冲锋枪——54式冲锋枪。54式冲锋枪也发射51式手枪弹，有效射程200米，但重量却有3千克多。当时提出要搞1.8千克左右

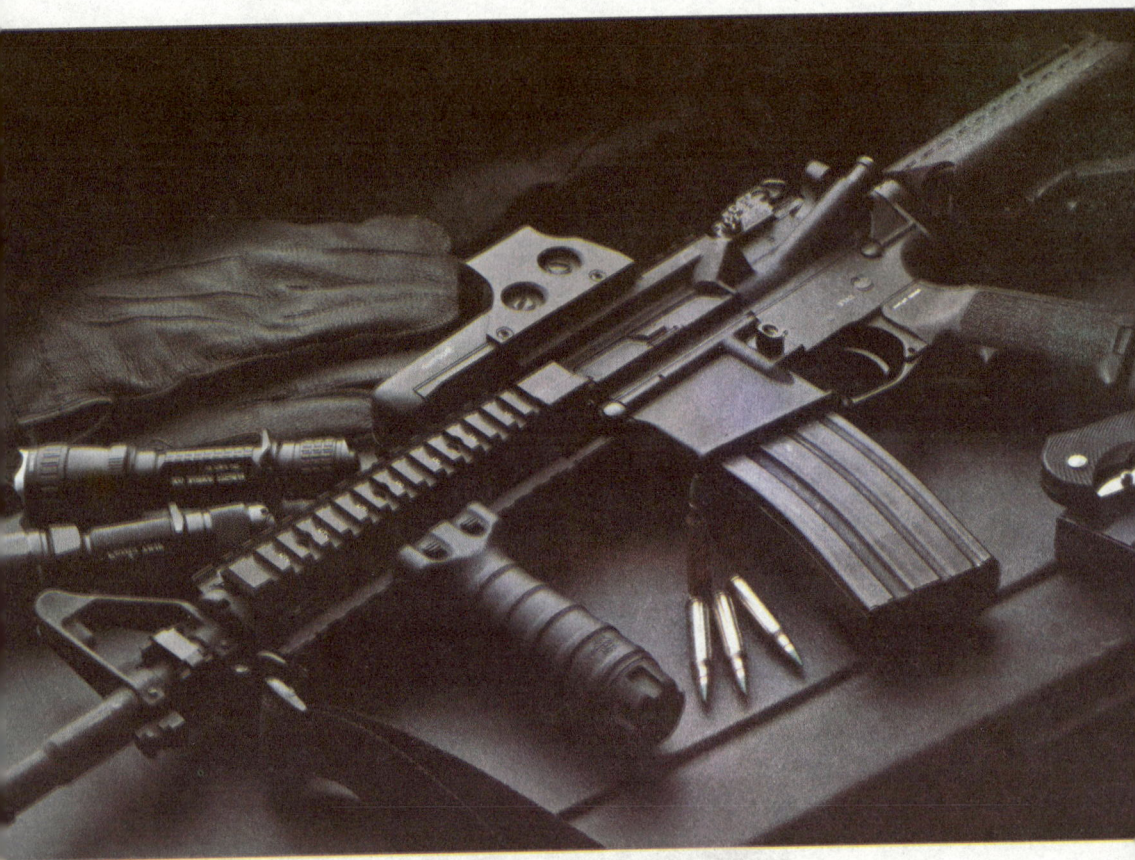

与54式同等威力的轻型冲锋枪,确实感到是在搞"大跃进"。既要减轻重量,又要保证武器坚固耐用、性能可靠,所以在设计中遇到了不少难题,主要问题是:拉机柄易断裂,抽壳钩抽壳不利,以及易卡弹等。这些问题经过技术攻关后都逐一得到了解决。

(1)拉机柄断裂问题

79式冲锋枪理论射速在1000发/分钟左右,射速比较高。在高速震动、前后方撞击条件下,拉机柄的质量纵向分布必须外(稍)小内(根)大,以便尽可能地减小其转动惯量,这就是拉机柄设计得比较尖的主要原因。但这样一来就使拉机柄强度减小,而且由于末端稍尖,在快速操枪不注意时可能带来划破衣服或手指的弊端。后来采取的措施是在模锻时增加预型槽,沿

第三章　中国枪械集锦

着机柄方向开槽，并增加拉机柄厚度，这样就既可增加其强度，也能减轻其重量。

（2）卡壳问题

51式手枪弹所配用的枪械多为自由枪机式惯性闭锁。专项试验中发现，使用这类枪械时，弹壳在火药燃气压力作用下自动退出膛外，在无拉壳钩的情况下也能自动抛壳。所以51式手枪弹底缘厚度控制不严，有的较薄且有斜坡，在生产质量上对此并无严格要求，这就造成了利用79式冲锋枪这一导气式武器拉壳及抛壳的困难。由于拉壳钩抱不紧弹壳，致使其在高加速度开锁、后坐撞击震动过程中，容易把弹壳震掉，产生卡壳故障。大量试验证明，当遇到弹壳底缘质量不好的批次枪弹时，卡壳故障明显偏高。于是解决卡壳这一通常为偶然的随机故障问题便成了一个技术难题。设计中除了尽量加大拉壳钩簧力及力臂外，主要严格控制了拉壳钩对面距离和镜面距离，甚至采用了"偏方"——使枪弹"偏火"，枪弹被抱紧后处于0.25～0.3毫米的偏心和13度的倾

斜,以保证尺寸在此偏差内的枪弹,也能被抱紧。大量试验证明,经过这样"综合治理"后,卡壳故障率大大降低了。在实践中,科研人员总结出了"抱得紧、抛有力、路线对"的经验。所谓"路线对",指的是抛壳路线要正确,弹壳撞机匣盖的位置尽量靠近弹壳尾部,以便弹壳更容易抛出枪外,不致于撞回枪内。

(3) 卡弹故障问题

手枪弹弹头为圆柱形,导引性能不好,但如果不受具体结构的限制,采用高位、小升角、短行程的进弹路线,用枪机直接推弹入膛的方法,只要弹匣内部输弹供弹设计得当,供弹及时性予以保障,一般卡弹故障出现得比较少。但由于79式采用机头前端回转闭锁结构,机头闭锁齿回转占据了枪管尾端后面的一大部分空间,迫使弹匣位置向下、向后,枪弹入膛需要走过一段"爬坡"路程,进弹行程过长,在半路上容易被卡滞。而弹匣中第一发枪弹不抬头,特别是不抬尾也容易造成卡弹。在设计中,经过多次摸索、分析原因,技术人员采用了严格控制甚至有意加大托弹簧最上一、二圈后部间距的办法,加大尾部托弹力,使卡弹故障大为减少。当然,弹壳抱弹口的宽窄与长短对供弹初始位置影响很大,须加严格控制。在使用中切忌摔打弹匣,因为这样会导致弹匣特别是口部变形。

(4) 连发精度问题

79式冲锋枪刚设计时,曾仿照捷克61式微型冲锋枪采用过粗钢丝枪托,其结构和工艺都很简单,但抵肩射击时连发精度很差。枪托刚度特别是根部刚度加大是解决连发精度问题的关键,于是技术人员改用双臂薄板式枪托,但连发精度也不理想。最后采用"Π"形钢板中间冲孔的办法,既解决了连发精度问题,又使枪托重量不算太重。

◎ 装备生产

从1981年试生产至1992年，79式冲锋枪生产总量近20万支，最高生产年份是1988年和1991年，年产量均超过3万支。79式冲锋枪经长时间生产、装备，实践证明其性能可靠，但其所采用的自动原理和结构在同类轻型冲锋枪中少见，结构比较复杂，至今评说不一。从已装备多年的用后反映及工厂验收记录中看出，79式冲锋枪的精度和可靠性还是比较令人满意的。由于定型试验考核标准严于验收标准，而在生产过程中工厂经过工艺改进，使生产质量稳定，因此故障率低于验收指标所要求的0.25％。不过79式冲锋枪在投产初期的质量控制做得并不好，导致连续两年没有生产出合格产品，于是军方提出要求研制新的7.62毫米轻型冲锋枪，并在4年后定型了85式轻型冲锋枪及微声冲锋枪。而79式冲锋枪也改进了生产工艺，严格控制了生产质量，因此这两种轻型冲锋枪都共同生产了十几年。79式轻型冲锋枪主要装备公安干警和武警部队，85式轻型冲锋枪主要装备野战部队，85式微声冲锋枪主要装备侦察兵与特种部队。

81式枪族

81式枪族的研制目标是要用一个班用枪族取代正在装备的56式半自动步枪（仿制SKS半自动步枪）、56式冲锋枪（仿制AK47）和56式轻机枪（仿制RPD轻机枪），仍采用1956式7.62×39毫米枪弹。由于在1978年正式决定将来会采用5.8毫米口径的小口径自动步枪，所以研制81式枪族的目的是在装备小口径步枪之前提供一种过渡型武器。但通过实战证明，81式枪族是一种性能优良的武器，它精度好、动作可靠、操作维护简便，在实战中表现良好。81式步枪还曾军事援助过非洲国家。

该枪族的出现，使中国的武器基本适应了当今世界一枪多用、枪族系列化、弹药通用化的发展趋势，极大地方便了部队的训练、使用和维修，既加强了战斗分队的战斗力，也为枪械互换、增强火力提供了条件。当然，81式枪族也暴露出了缺少新结构、新技术、新材料的创新及应用，甚至外形与56式冲锋枪也很相像等缺点。不过，81枪族取得的成就和经验，特别是开式弹鼓的创新发明，还是为步枪新的研制和发展创造了条件。

◎ 81式7.62毫米自动步枪

81式自动步枪是中国人民解放军装备的一种制式步枪。它是于1979年下达的研制任务，1981年设计定型，在1983年正式投入大量生产、正式装备中国人民解放军。该枪可实弹发射杀伤、破甲、燃烧、发烟弹及60毫米反坦克枪榴弹，有较强的战斗适应性和良好的可靠性。

该枪采用导气式自动原理，闭锁方式为枪机回转式；采用击锤回转式击发机，可以半自动单发和连发射击；膛口装有兼具降噪、消焰、制退防跳作用的固定枪榴弹发射具；还装有活动拆卸的刺刀，刺刀拆卸后可作匕首使用。它射击精度较好、机构齐全、结构紧凑、安全可靠，深受部队的欢迎。

◎ 81-1式7.62毫米自动步枪

1981年，我国第一个班用枪族设计定型，定名为81式7.62毫米班用枪族。其中步枪包括木质固定枪托的81式自动步枪和折叠金属枪托的81-1式自动步枪，二者的区别仅在于枪托的形式。

81-1式自动步枪的自动方式为活塞短行

程,即火药燃气通过导气孔进入气室后,推动活塞带动活塞杆向后运动一段行程,活塞杆撞击自动机,赋予自动机后坐能量后,活塞不再后坐,自动机靠惯性完成后坐行程。此外,81-1式自动步枪导气箍上装有气体调节器,有大小两个气孔可供选择。正常射击条件下,直径2.1毫米的小孔即能保证自动机可靠后坐。因此,与56-2式冲锋枪相比,81-1式自动步枪射击时震动较小,射击也更加平稳。

81-1式自动步枪的枪托为右向折叠,用快慢机代替原来的保险扳把,并移至机匣的左侧,很好地解决了枪托与快慢机干涉的问题。为

第三章　中国枪械集锦

81-1式步枪的机匣仍采用冲压工艺，但与56-2式冲锋枪不同的是，抛壳挺不是单独地点焊于机匣上的，而是同中衬铁一体铆接于机匣上的，在中衬铁中央设置了空仓挂机，射击过程中射手可以直接观察弹匣是否有弹，提高了枪支使用的安全性。同时，技术人员还改进了56式冲锋枪发射机机构的阻铁，使机匣更为"纤瘦"。

81-1式自动步枪在枪口加装了膛口装置，下方有通条和刺刀的卡槽，后端装有发射40毫米枪榴弹的卡圈，从而具备了点面杀伤的能力，填补了300米内手榴弹与轻型迫击炮之间的火力空白。由于81-1式自动步枪的机匣基本采用了56式冲锋枪的结构，在发射枪榴弹时，气体调节器处于闭气状态，枪身后坐能量很大，机匣盖因惯性从复进机

了遮挡去除保险扳把后机匣与机匣盖间的拉机柄让位槽，81-1式自动步枪加长了枪机框的尾部长度。这样一来，快慢机处于任何位置都能保证机匣封闭，但同时也增加了机匣的长度，这也是导致81-1式自动步枪的全枪长于56-2式冲锋枪的原因之一。

座上弹射出来,严重威胁到射手安全。为了解决这一问题,设计师们对81-1式自动步枪进行了另一项结构改进:在复进机座尾端增设了一个凸台以限制机匣盖,避免了事故的发生。

81-1式自动步枪的上、下护木及握把仍采用了深茶色木制件。下护木通过螺钉紧固于枪身上,上护木则巧妙地通过表尺轮进行了固定。

表尺有0~5六个表尺码,当位于"0"码的时候,表尺轮刚好处于为上护盖让位的缺口位置,可取下上护木。折叠枪托的左右护板为玻璃钢制件,枪托中空,用于放置附件盒。

81-1式自动步枪同56-2式冲锋枪枪托折叠结构和原理完全相同,都是依靠枪托卡笋上的自锁斜面同枪身进行配合。当枪托处于伸开或折叠状态时,卡笋会自动落入

第三章 中国枪械集锦

卡笋槽内自锁。这种结构牢固可靠,枪托不会因为突然的外力而自行伸开或折叠,卡笋也不会因长期磨损而失效。关于枪托轴的固定方法,56-2式冲锋枪和81-1式自动步枪都采用了两端胀铆的方法,但在部队使用中发现,大量枪托轴因为胀铆失效遗失,因此技术人员在后期的生产中将枪托轴改为了"T"形铆钉。

81式自动步枪在外观上虽未完全摆脱苏制自动步枪的影子,但整体结构更加紧凑,射击精度也优于56-2式冲锋枪。不过由于81式自动步枪的木制枪托很容易断裂,因此在后期的生产中以折叠托型的81-1式为主,它为自动步枪的生产积累了大量的经验,也为以后的小口径步枪的诞生做出了重要贡献。

85式7.62毫米狙击步枪

中国85式狙击步枪仿制自苏联德拉格诺夫SVD式狙击步枪,该枪主要用作边防哨所和步兵狙击手使用的单兵武器,杀伤中、远距离上的单个重要目标。

新中国成立后,我国军队一直没有装备专用的狙击武器,虽然也曾设计过一些狙击枪,但并不成功。后来在对越自卫还击战中缴获了越军使用的SVD,于是就利用这种战利品进行仿制设计,1979年定型出1979年式7.62毫米狙击步枪,一般称为79式狙击步枪。在两山轮战时期,曾有我军基层军官用其创造了1300米的狙杀记录。后来该枪在1985年正式生产定型,并重新命名为85式狙击步枪。设计定型的79式和生产定型的85式之间的区别并不明确,有一种传闻是79式的瞄准镜用小灯泡照亮分划板,而85式则改为二极管,但没有得到准确的核实。总之79式狙击步枪或85式狙击步枪其实是同一种武器的两种称呼,但在国外提起中国仿制的SVD,大多数只称之为79式。

由于79/85式狙击步枪是仿制SVD的,因此在原理结构及战术性能等各方面都与SVD基本相同;导气式自动方式,枪机回转式闭锁,10发弹匣供弹,4倍光学瞄准镜。由于考虑到生产成本问题,79式狙击步枪并没有开发专用的高精度狙

第三章　中国枪械集锦

击弹,而是通用 53 式 7.62 毫米机枪弹,因此在精度表现方面与 SVD 略有差距。

与 SVD 一样,79/85 式狙击步枪也有可卸式的多功能刺刀,既可用于白刃战,也可用于剪切铁丝和锯钢条,及作为士兵野外生存的辅助工具。79/85 式狙击步枪的光学瞄准镜与 PSO-1 一样,有一个小灯泡在低能见度下照亮分划板,夜间也可以发现主动式红外瞄具的红外光线,光斑为淡绿色,但自身并无夜视像增强器,因此并不算是完全的夜视瞄准镜。

瞄准镜的设计/生产质量是 79 式一个致命的缺点,主要原因是瞄准镜的燕尾槽和步枪上的突笋结合时间隙较大,瞄准镜上的齿形螺母不能将紧定扳手调整到合适的程度,所以枪、镜不能很好地结合在一起,结果在实弹射击时,武器的后坐和震动使瞄准镜经常出现松动的现象,

影响射击精度。

79/85式狙击步枪的保险卡笋位于机匣右侧后部，上扳保险卡笋为保险状态，下压保险卡笋处于单发射击状态。其退弹过程为：弹匣扣位于弹匣槽后方，卸下弹匣，后拉拉机柄，退出留在弹膛内的枪弹。

79/85式狙击步枪的缺点主要是后坐力大，易使射手疲劳，枪太长也不便于携行，尤其是机械化部队。7.62毫米口径到目前还是属于很理想的狙击步枪口径，且小口径枪弹存在因侵彻力过强导致的威力不足，这就使得88式狙击步枪不可能完全取代85式狙击步枪。85式狙击枪还有个缺陷，就是撞针容易断。

第三章 中国枪械集锦

86式自动步枪

86式即86s,是我国为适应国外民用枪市场的需求,在国产7.62毫米56式冲锋枪的基础上研制的一种半自动步枪,其外观与国产56式冲锋枪迥然不同,所以有人以为它是我国新研制的一种步枪。其实,86s的"内脏"部分与56式冲锋枪基本相同,各项性能指标也大同小异,只是不能连发射击而已。

作为一种民用外贸型步枪,86s在外观设计上采用了国际上广为流行的无托结构。与56式冲锋枪相比,它有以下几个显著特征:

(1) 86s将传统的枪托前移至机匣处,包络住整个机匣后部和发射机构,使自动机能在枪托内运动,从而保证了枪管在长度不减的情况

下,全枪长比56式冲锋枪缩短约25%,外观显得短而粗。

(2) 86s的枪管与56式冲锋枪的枪管一样长(均为415毫米),但全枪长只有663毫米,比56式冲锋

枪刺刀折叠时还短211毫米。

（3）86s的机匣上部增加了提把，方便了携行。同时将瞄准具置于提把上，有利于瞄准射击。而且在提把上有光学瞄具导轨，便于加装光学瞄具。

（4）拉机柄安排在机匣上方、提把以下，左右手均可操作。

（5）机匣前部下方安装了可以向前折叠的小握把。小握把支撑地面时，可以提高步枪的射击稳定性。

（6）机匣后下方有一个掏空的形似折叠金属枪托的斜撑，便于射手抵肩射击。必要时也可打开斜撑，作枪托用。弹匣有两种，一种为容弹20发的直弹匣，另一种为容弹30发的弧形弹匣。

（7）枪口部有刺刀座，必要时可以安上刺刀进行格斗。刺刀未装在枪上时，可以当匕首用。

87式5.8毫米自动步枪

87式5.8毫米自动步枪是中国自行研制的第一代小口径步枪,它与87式5.8毫米班用机枪、87式5.8毫米普通弹统称为87式5.8毫米班用枪族武器系统。它是于1987年设计定型的,故称87式。

中国在开发自己的5.8毫米小口径步枪弹时,为稳妥起见,决定先将小口径弹套用于成熟的81式7.62毫米枪族上进行试验。87式自动步枪结构与81式自动步枪从外形上看有一定的继承和发展关系,在内部结构方面基本一致,口径改为5.8毫米。

87式自动步枪的自动机和发射机结构与81-1式自动步枪基本相同,也采用活塞短行程自动原理。机匣盖外形比81-1式自动步枪的棱角分明,并在表面滚花。为了确保在发射枪榴弹时机匣盖不会弹出,复进机座后端的凸台被改为弹性按钮,分解时按下即可,装配到位后,按钮会自动弹开卡住机匣盖。护手上开有散热孔,下护手通过螺钉紧固在接套上,上护手则通过一根销子装于表尺座前端,这种固定方法在后来的88式狙击步枪中也有采用。

机匣下方的握把除有防滑的横向条纹外,前端还有三个弧形槽,方便握持,右侧上方开有为扣扳机

沿用,但在部队使用中发现这个弊端后即进行了改进。

在材料的应用方面,87式自动步枪最先在国产自动步枪上使用了工程塑料和铝合金材料。其的食指让位的槽子,因此射击时比较舒适。握把内部中空,可装附件筒。不足之处是握把盖的勤务性较差,必须通过工具压下握把盖销后才能取出,这种结构在后来的88式狙击步枪及95式自动步枪设计之初也曾中上、下护手及握把为塑料件,为提高枪身的防腐性和耐磨性,表面处理采用了黑色磷化工艺。枪托为

第三章 中国枪械集锦

铝合金外覆工程塑料,形状为独特的"T"形,前端是同枪身连接的铰链座,后端为铝合金材料,抵肩部粘有橡胶,枪托杆部包覆工程塑料,即使在低温条件下射击时,贴腮也不会感觉很冷。

虽然87式自动步枪作为一种过渡产品没有批量生产,但作为中国研制的的第一支小口径自动步枪,它在设计中使用了新材料,配合完成了5.8毫米枪弹的研制工作,解决了发射小口径枪弹存在的一些技术难题,为后来的95式枪族的研制工作奠定了坚实的基础。

87式步枪定型不久后,工厂在1987年9月得到通知,上级决定立即将87式步枪改变外形,参加"国庆阅兵"。具体要求是:在保持87式步枪性能和内部结构不变的条件下,外形要与81式步枪有较大变化。

123

一种改变后的步枪重新投产,至少要用两年的时间来实施制造工具、夹具、模具、量具和生产线的重新布设,但为了保证"国庆阅兵"的需要,1989年春,在工厂的积极努力下,经过国家靶场试验考核,按照武器定型管理程序,按时出厂了一批改形的5.8毫米步枪,及时交付了部队,该枪就是1987A式5.8毫米步枪。1987A式步枪被试验性地装备部队,但数量不多,而且最终被95式自动步枪所取代,一个主要原因就是稳定性不足。

5.8毫米的子弹有助于快速连击,使敌人行动受阻,即使穿着防弹衣,87式的低后坐2连发也使敌人望而生畏,被击中者的停顿程度约是美制M4系列的两倍。该种子弹的子弹头曾使用过微缩火药,曾在美伊战场上出现过,如果配合87式步枪,效果远比改装后的AK-47要好得多。

第三章 中国枪械集锦

88式5.8毫米枪族

◎ 88式5.8毫米狙击步枪

50年代,我国开始进口第一批带瞄准镜的苏制纳甘1950式步枪,70年代末80年代初开始参照国外产品设计定型了79式、85式7.62毫米狙击步枪。KBU88式5.8毫米狙击步枪是我国第一支独立研制的小口径狙击步枪,它的问世,标志着我国狙击武器的开发研制已步入世界先进行列。

88式狙击步枪很有特色,在结构上最突出的特点是采用了无托、无提把和无腮垫的"三无"结构。它根据我军战士的身材特征,合理安排人机操作尺寸和位置,人机功效值较高,操作方便舒适。另外,模块化设计与一件多用是88式的一大特色。该枪还广泛应用了新材料、新工艺,整体外形的基本色彩为黑色,总体均匀一致,外表面呈细麻点亚光面,既不反光又有较好的手感。

该狙击步枪的战术技术性能非常优秀,精度高,威力大,可靠性高,使用安全、隐蔽,勤务性和适应性好,全枪寿命较高。

人们说,精度是狙击步枪的第一生命。狙击步枪是供狙击手使用的武器，以歼灭敌有生目标为主，其特殊的战术任务要求它必须具有射击精度高的特点。而5.8毫米狙击步枪具有初速高、弹道低伸、直射距远、飞行时间短等良好的弹道性能，其射击结果数据表明5.8毫米狙击步枪系统射击精度优于85式狙击步枪系统，优于SVD和伽利尔，接近于美、德半自动狙击步枪。

威力是狙击步枪的第二生命。该枪使用5.8毫米机枪弹，完全满足战技指标要求，在1000米和800米距离上的侵彻威力优于53式7.62毫米普通弹和7.62毫米北约弹，在近距离上此弹则更为优越。5.8毫米狙击步枪平均初速达924米/秒，这表明它在中远射程内存速、存能都处于较高水平，完全能满足武器在800米射程内击穿头盔和防弹衣后，还能有效杀伤人员和易损坏器材的战技要求。5.8毫米狙击步枪所用弹药，虽然口径是国内外同类武器中最小者，但其侵彻威力却是其中的佼佼者。

可靠性高一直是中国枪械的一大特色，如果按照中国的可靠性检测标准，世界上许多著名的枪械都通不过测试。88式狙击步枪在研制的过程中进行了大量的可靠性试验，先后攻克了诸如不抽壳、不击

第三章　中国枪械集锦

为确保射击威力,它使用5.8毫米机枪弹,在必要时,也可使用步枪的5.8毫米普通弹。5.8毫米通用机枪配有白光瞄准镜和微光瞄准镜,以确保通用机枪远距离的射击精度和夜间作战能力。

发、惯性击发、卡弹、浸河水不闭锁等机构动作故障,同时还解决了拉壳钩和击针等零部件容易断裂的问题,使武器工作正常可靠。批量生产后该枪的平均故障率低于0.1%,开火迅捷和适应性较好。2001年,中国人民解放军某特种部队组队参加了在爱沙尼亚举行的第十届国际侦察兵大赛,充分展示了该枪良好的技术性能。

5.8毫米通用机枪的主要战术任务是歼灭1000米内暴露的敌步兵,压制敌火力点。必要时,也可对低空飞行的敌直升机和伞兵进行射击。该枪弹箱容弹量大,可与枪身或枪架连接,保证机枪无论是在轻机枪状态还是在重机枪状态,均可随战士运动射击。

其主要特点为:

(1)重量轻,机动性好。与国外通用机枪相比,它在携弹量相同

◎ 88式5.8毫米通用机枪

QJY88式5.8毫米通用机枪是5.8毫米枪械系列的一个重要组成部分,是确保步兵威力的一种武器。

兵器百科——枪械　127

的情况下，重量较轻。

（2）火力猛，威力大，射击使用方式转换快捷。

（3）弹箱容弹量大，可与枪身或枪架联结。配用轻便两角架时，可作轻机枪使用，能以猛烈持续的火力伴随步兵班战斗。

（4）射击精度高，后坐力小，可控性好。该枪采用的是工程塑料与铝合金等新材料和金属表面磷化等新技术。

从整体来看，QJY88式5.8毫米通用机枪的总体性能达到了国内外同类武器的先进水平。

92式5.8毫米战斗手枪

QSZ92式5.8毫米手枪是我军新一代单兵自卫武器，目前正在部队小规模列装试用，该枪仿制的是苏联54式7.62毫米手枪。

在军队论证的初期阶段，有人曾提出92式9毫米手枪装备我军营以下军官，92式5.8毫米手枪装备团以上军官。但在后来的研制过程中，专家和军队使用者都认为该枪作为装备我军团以上军官的自卫手枪体积太大（全枪长190毫米），建议缩短全枪长度。后因在研制中缩短92式5.8毫米手枪枪管后效果并不理想，所以最后还是按长枪管设计定型。经过初步论证表明，这种自卫手枪完全可以满足团以上军官自卫手枪佩带要求。因此，92式5.8毫米手枪更适合作为我军新一代战斗手枪列装军队，对此，有人提出了以下几个观点：

(1)5.8毫米手枪弹的杀伤和穿甲性能优于9毫米手枪弹。

(2)5.8毫米手枪比9毫米手枪射击精度高,后坐力小,射击舒适。

(3)5.8毫米手枪弹匣容弹量20发,比9毫米手枪多5发。

(4)9毫米手枪装满15发枪弹时总重943克,5.8毫米手枪装满20发枪弹总重879.2克。在两种手枪系统质量相同的情况下,5.8毫米手枪可多带5发枪弹,从而提高了武器作战效能。

另外,5.8毫米手枪与在研的我军新型5.8毫米轻型冲锋枪和微声冲锋枪的弹药通用,便于战时弹药补给,减轻了后勤压力。

92式5.8毫米战斗手枪是我国第一代小口径自动手枪。该枪的有效射程为50米,初速约460米/秒,全长188毫米,枪管长115毫米,全枪重(含一个空弹匣)760克,弹匣容量20发,其射击精度极高。综合证明,DAP92式5.8毫米手枪弹的各项性能均已处于世界同类武器领先水平,依据如下:

第一:该枪在同类武器中是重

第三章　中国枪械集锦

量最轻、长度最短的。

第二：可靠性最好。该枪在一般环境和特种条件下故障率均小于0.2%。特种条件不仅仅指高温（50℃）、低温（-40℃），还包括扬尘、淋雨、浸泥沙河水等。在浸泥沙的试验中，一立方米的水，第一阶段是1.5千克泥沙，第二阶段是3千克的泥沙，搅拌后将枪和弹放在其中，拿起来，不准甩，直接使用，不能出故障。试验结果显示，该枪都能顺利通过试验，而国外手枪一般都不能通过。

第三：威力最大。该枪在50米处穿透钢盔后还可穿透50毫米厚的松木板。92式5.8毫米战斗手枪采用的是钢心弹。因为5.8毫米手枪是战斗手枪，要打头盔，还要打防弹背心，对穿甲性能要求比较高，所以采用了钢心弹，在保证精度的同时，也增大了威力。目前该

枪使用的是DAP92式5.8毫米普通弹。该弹弹长33.5毫米,全弹重6克,弹头初速约为460米/秒,最大膛压220兆帕。它的威力是9毫米"帕拉贝鲁姆"弹的2.5倍。

92式5.8毫米战斗手枪采用小口径、小质量、高初速的弹头,提高了杀伤威力,是现代单兵武器的一种发展趋势。在近距离内,小口径、小质量、高初速、大长径比的92式5.8毫米战斗手枪发射的钢心弹进入人体后易失去稳定性,产生偏航和翻滚,产生较大空腔,对人体具有较大的杀伤作用,并且淬火钢心还具有良好的穿甲性能。另外,由于小口径枪弹质量小、体积小,因而可增加携弹量,减轻士兵负荷,提高作战效能。我国92式5.8毫米战斗手枪的研制成功,标志着我国军用战斗手枪步入了世界手枪的先进行列。

95式5.8毫米班用轻机枪

95式5.8毫米轻机枪是95式班用枪族中的轻机枪，它与95式自动步枪构成班用枪族，现已陆续装备部队。枪族内自动机组件完全通用，其中步枪与轻机枪之间通用件占很大比例。

该枪采用无托式结构，自动方式为导气式，机头回转闭锁，可单、连发射击，供弹具有30发塑料弹匣和75发快装弹鼓两种，机械瞄准装置照门为觇孔式。另外，该枪还配有降噪音、降火焰的膛口装置。

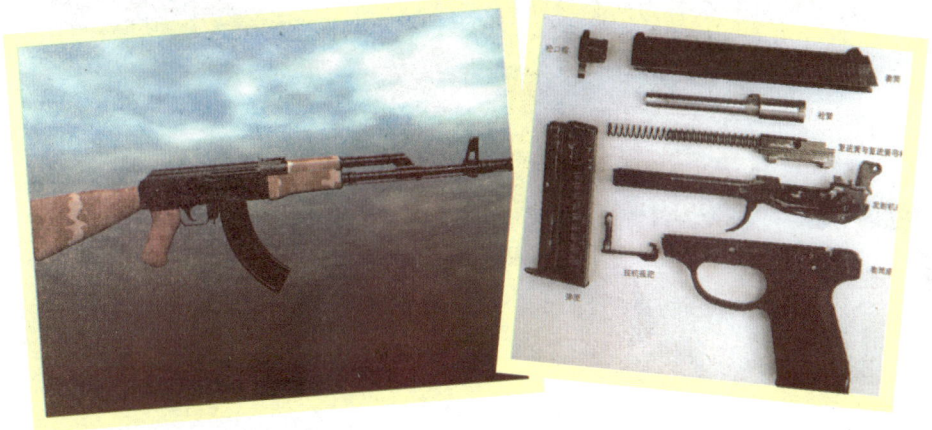

国产新型9毫米冲锋枪

我国现役的冲锋枪都是7.62毫米口径，特别是79式和85式，一直受到好评。但当今世界冲锋枪的口径大多为9毫米，所以我国也研制出了一种国产新型9毫米冲锋枪。

这种新型枪最富特点的地方有两个，一是枪机的设计，另一个是供弹具的设计。该枪的枪管长度并不短，为250毫米。如何尽量缩短全枪长呢？经过认真研究，技术人员采用了前冲式枪机惯性闭锁，并将枪机设计成枪管外套式。枪管外露的部分并不长，大部分被枪机所包容，枪机与枪管为同心导向运动。通过采用这样的设计，全枪最终仅有398毫米长。而比利时FN公司的P90全枪长500毫米，枪管长230毫米；德国MP5K系列（MP5冲锋枪的超短型）全枪长325毫米，枪管长115毫米；以色列的轻型"乌齐"冲锋枪长360毫米，枪管长197毫米。

该枪的供弹具有两种：50发螺旋弹筒和15发双排双进弹匣。它采用了可更换式双路供弹结构，可以由不同路线供弹。螺旋弹筒设在

第三章 中国枪械集锦

机匣上方,为主供弹具。弹匣就是92式手枪的弹匣,装在握把内,作为辅助供弹具。其螺旋弹筒的供弹原理为轴向螺旋式供弹,拨弹轮为链轮式无序排弹结构,每两发弹有一链轮齿拨弹,不会因弹形锥体产生的累计误差造成供弹系统故障,特种环境适应性强,而且第一发弹起点的位置不用固定。此弹筒为后压弹方式。"野牛"冲锋枪、"卡利科"冲锋枪都是前装弹,即从枪口方向开始装弹。从结构上讲,该弹筒也比"野牛"、"卡利科"的简单。这种结构已申请专利。

该枪采用了与56式冲锋枪类

似的发射机构,快慢机控制单发、连发、保险及拆枪四种状态。其技术成熟,使用可靠,提高了射击精度。其准星及准星护圈可以通过一个轴进行左右调整,准星可以上下调整。照门为觇孔式,只可高低调整。射距分划为50米、100米和150米。

该枪可以加消音器,消音器长250毫米。枪托为伸缩式,将枪托拉开时全枪长598毫米。全枪共8个部件、62种零件,整枪零件数少。该枪结构新颖、简单紧凑、握持舒适、动作可靠、容弹量大(弹匣和弹筒共65发)、火力持续时间长。在设计中还采用了新工艺、新材料。这一切都说明,我国轻武器的设计已日臻成熟。

第四章 狙击手的基本知识

>>>

在很多电影电视剧里面，我们经常可以看到有一种人身穿很酷的服装，携带一支枪潜伏在某个地点，等到目标人物出现以后，将其一举击毙。通常他们使用的击毙方式都是一枪毙命，然后逃之夭夭。这样的人就是我们平常所说的狙击手。狙击手通常都是神枪手，百发百中，被他们盯上的人通常很少有能逃脱的。他们神出鬼没，没有人能够明确发现他们的行踪，如神秘的日本忍者一般，往往会在看似平静的时候出其不意地发动袭击。战争中，狙击手更是每个部队不可缺少的重要人物，他们一方面为己方部队铲除敌人，另一方面也要保护己方不受敌方狙击手的袭击。他们有着敏捷的身手、聪明的头脑以及超乎常人的耐力。从过去到现在，人们都对狙击手有着很强烈的兴趣，希望能够对他们有所了解。这一章我们就来介绍一些狙击手的基本知识，为大家展现狙击手不为人知的神秘世界。

第四章 狙击手的基本知识

狙击手的起源

关于狙击手的起源,有两种说法:一种说法是,在美国独立战争期间,美国义勇军的一位夏普少校发现,子弹如果用鹿油包裹,不但能够方便装填,还能提高射程与精度。于是,他带领了一支独立机动的枪手队伍,以不可思议的远距离精确射击,射杀了许多英军高级军官,多次以极小的代价换得极大的胜利。于是,人们便将射击精准又冷静沉稳的射手称为夏普射手(SharpShooter)。在训练及作战中,夏普射手由于要长时间贴腮瞄准,所以常常头戴类似于今天特种部队戴的面罩以保证其专心一意,于是,他们又被称作 Marksman,即专注的人。后来,这两个单词合二为一,被 Sniper 所取代。Sniper 就是今天的狙击手。

另一种说法是,狙击手(Sniper)

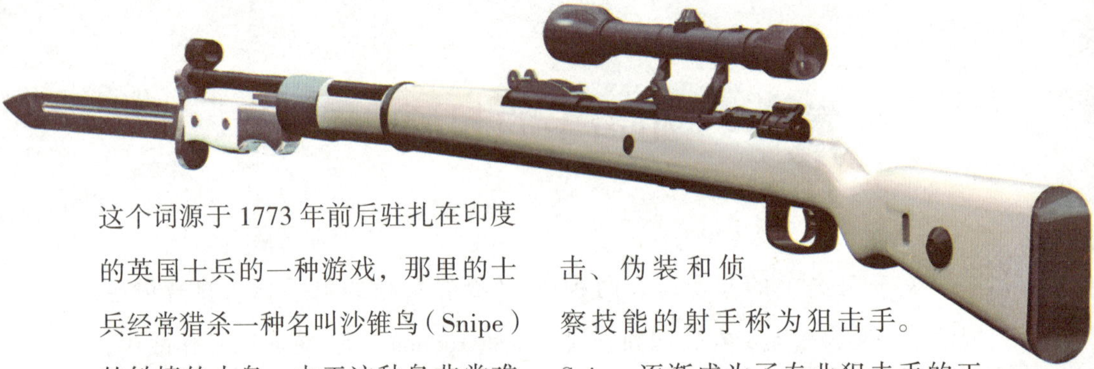

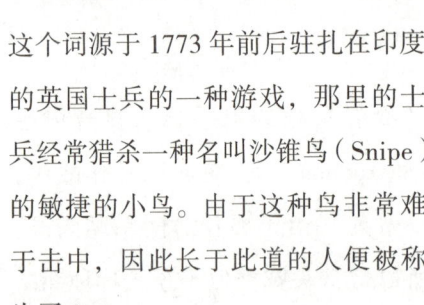

这个词源于 1773 年前后驻扎在印度的英国士兵的一种游戏，那里的士兵经常猎杀一种名叫沙锥鸟（Snipe）的敏捷的小鸟。由于这种鸟非常难于击中，因此长于此道的人便被称为了 Sniper。

狙击手 Sniper 这一名称最早在第一次世界大战的英军中出现，意指从隐蔽工事射击的人，后来人们常常把经过专门训练，掌握精确射击、伪装和侦察技能的射手称为狙击手。Sniper 逐渐成为了专业狙击手的正式叫法。

1944 年 9 月，第二次世界大战的欧洲战场上，德国法西斯的第 9、第 10 装甲师，仗着优势火力与兵力，气势汹汹地向英军第 1 空降师一部发动围剿。可是，这些戴着红色贝

第四章 狙击手的基本知识

雷帽的英军士兵大都经过了狙击手的射击训练,几乎个个是百发百中的神枪手。德军的进攻步步受阻,损失惨重,最后不得不增派反装甲火箭、自行火炮和火焰喷射器部队,才在第4天达到目的。这些英军战士超群的作战本领,后来为他们赢得了"红魔鬼"的赫赫威名。

通常来说,狙击手分为两种:一种是受过完整正规狙击训练的具有正规编制的狙击手,另一种是在战时临时挑选的枪法准确的射手。对于一名狙击手来说,强健的身体和钢铁般的意志是必备的前提条件,而好枪法只是基本的素质而已。对狙击手的训练,除了要求其贯彻狙击概念和熟练掌握武器系统外,还要求其学会如何计算风差影响和测距,学会潜伏行进,选择战术机动

路线,构筑射击阵地,隐蔽地进入和撤出阵地,观测和发现隐藏的目标等。狙击手还要善于观察战区,确定可疑声音的方位,善于使用人工和天然材料进行伪装,能够迅速机动,具备忍受长时间潜伏的能力等。此外,狙击手还需要具备准确判读地图和战场航拍照片的能力,这往往能够帮助狙击手迅速、安全地进入和撤离阵地和战场。对于在野外"狩猎"的狙击手们来说,通常会选择两个以上的撤出路线,而安全撤退计划早在进入阵地前就已制定好了。

狙击手的装备

由于各国部队与各级特战单位对狙击任务的要求不同,狙击手的装备各不相同,但伪装服、狙击枪(含狙击镜)、测距观测镜、手枪、刀子、地图、指北针、基本维生装备是绝不可少的,其他如无线电、卫星通讯仪器、星光夜视镜或前视红外(FLIR)、雷射测距仪、全球卫星定位系统(GPS)和野外战斗/求生用装备,则依任务及个人喜好选用,以上指的都是公发的制式装备。

而在个人装备上,为了便于长时期潜伏与静止姿势的维持,大部分狙击手都会选择水袋与吸管,而舍去传统水不用。基于同样的理由,标准的口粮亦不符需求。在出任务期间,狙击手通常会以高能浓缩口粮作为食物及热量来源,这种特别设计的口粮,可将一个人一个礼拜的热量所需,缩减到只有半个便当盒大小,其中蛋白质与卡路里含量极高,并添加了多种维生素与其他营养成份。而服装与脚下的鞋子由于需长期穿戴,也必须考虑防潮、保暖与舒适性,以及最重要的在各种恶劣环境下的适用性,而这也是所有狙击装备的共通考量。

第四章　狙击手的基本知识

 狙击手的训练

狙击手的培养相当不易，其间包括了各个不同阶段的训练科目，包括了基本的装备操作使用、各种静/动态射击训练、野外观察与行迹追踪、野外求生、地图判读、情报收集与分析解读、野外阵地的架设与伪装、进入/渗透与撤离路线安排、诡雷架设与反爆拆除、作战计划拟定与通讯协定等近20项科目，而其彼此间的关连与互动亦需面面顾及，最重要的是临场判断能力。我们先就几项基本的狙击手训练科目作简单的说明与介绍，分别是射击训练、野外观察、野外地架设与伪装。

很多人都以为狙击手只要枪射得准就够了，50年前这句话并没什么错，但在今日，射击训练内容复

杂的程度可能会让人大吃一惊。枪支的弹道会因膛线、地心引力及风的影响而使弹着产生误差是大家都知道的，因此步枪的表尺与照门是可调的，以修正这些误差。但狙击镜的倍率也会产生射击差，而可调倍率狙击镜更使这个问题雪上加霜，而温差及光学偏折现象亦会造成相关困扰，因此狙击手必须在各种不同的气候、温度、日夜环境下，进行不同距离的射击训练，并详实记录在DAFORM5785-R的枪械射击记录卡上，以帮助了解枪械的性能与误差所在，再加以修正，直到可以接受的范围，第一阶段的射击才能告一段落，但枪枝仍要时时试射，并继续记录、修正。当手上的枪能随心所欲地射中静态目标后，射击动态目标便成了第二个进度。动态目标的移动速率会因行走、跑步或所搭交通工具不同而有所差异，也会依目标与狙击手间的距离、风速所取的前置量而有所不同。事实上，瞄准部位不同前置量也会不同，而狙击训练则会建议在何种距离的何种移动速率下，瞄准人体的哪个部

第四章 狙击手的基本知识

位作为参考点为最佳,再拉开距离与移动速率,推算最恰当的前置量,这是动态射击的第一步——前置量。动态射击的第二步是射击时机,由于目标一直处于移动状态,前量也可能因其停止或加速而改变,甚至丧失了射击时机。当经过一阵的练习与教官的经验传授后,练习生都会对射击时机有进一步的了解与体认,而动态射击的第二步的前半阶段也算完成。但后半阶段才是重点,那就是弹药的选择,现代的狙击手除了传统的人员狙杀外,非硬性目标的破坏亦列入狙击任务内容,包含车辆的破坏、直升机、轻型装甲车、通讯设备与油槽、水塔等具战略意义的目标,此时弹种的选择就更显重要了,而事前的情报收集与前置准备更是不可忽略。

另外,对付装有防弹玻璃的车辆,一般的建议是以穿甲、穿甲燃烧、穿甲、穿甲、穿甲燃烧、穿甲的方式搭配,先以第1发穿甲弹试图击破防弹玻璃,并直接格杀车内人员,若第1发未能打穿,则以第2发的穿甲燃烧弹以高温进一步破坏防弹玻璃的防弹性能,并以后续接连2发的穿甲弹再度试图直接击杀,若

仍未能达成任务,则第5发的穿甲燃烧弹则射向车辆的油箱,造成油箱爆炸,若车内目标仍能逃过此劫而从车辆残骸脱逃,则再补上第6发子弹,若此时仍未能达成任务,那对不起了,下次吧,您已经在同一个点射击6发子弹了,是该离开的时候了。不过,任务虽未能达成,弹药的选择与搭配方式相信已经能让您有些了解了吧。

射击训练的最后进度是打哪里?答案是:只要狙击手知道他要打的是什么,在哪里,就有可能办到。以战车为例,狙击手可以攻击的部位是通讯天线、车长用潜望镜、外挂油箱与驾驶用潜望镜,但这些都无法直接对战车造成伤害,主要是要使车内乘员必须停车外出查看,再加以一一收拾,此种属于软性猎杀。

另外还有一种硬性猎杀,但需搭配装甲猎杀队一同执行:首先狙击手以穿甲燃烧弹先行引燃战车的主动反应装甲块,待主动反应装甲

块爆炸丧失防御性后，装甲猎杀队再以反装甲飞弹瞄准已无反应装甲块保护的区域加以击毁。此外，也有直接以狙击枪进行硬性猎杀的，以俄制 Mi-8 直升机为例，使用 7.62 毫米的半自动狙击枪射击，可以在 20 发之内使其丧失作战性能，主要是攻击旋翼轴等外露且脆弱的部位，而其他像通讯基地、飞弹发射基地、弹药库、油料堆集场等地方的破坏任务执行，道理也是一样的。

等各种任务的击毁点都能一清二楚时，射击训练才算告一段落，但切记，还是要不断地练习，才不至于变得生疏。

在军事的狙击任务中，绝大部分是在野外的军营或基地所进

行的，而现代部队军事专业素养极高，如何有效地侦察敌情，是每位军人都应了解的，狙击手亦然，只不过由于任务性质的特殊，狙击手对于敌情的收集有其特殊模式。对此，我们分别以三张表格来说明：DAFORM5786-R 狙击手观察记录表、DAFORM5787-R 射距相对位置表、DAFORM5788-R 军用座标记录图。

先看 DAFORM5786-R 狙击手观察记录表：表格相当的简单，除了姓名、日期、时间、观察位置与页数外，就是序别、观察时间点、观察目标区位置、目标区环境与目标区行动记录概要等。针对某一点或某一特定区域的狙击任务进行前，了解目标的相关动态与作息是相当有帮助的，同时可使长时间的潜伏观察因必须记录相关事项而不致于显得太过无聊。

当目标的作息与动态弄清楚后，接下来要了解的便是 DAFORM5787-R 射距相对位置表。为求射击的精确与相关调整（例如狙击镜倍率、焦距等射击诸元），对整个目标区的有效射程内地形地物的相对位置是否会影响射击的弹着误差便需特别注意，例如与开阔地风向不同，大型物体如岩石、树木、

第四章 狙击手的基本知识

距离以及与狙击手的距离、方位角、光源、风向、风偏等相关诸元,皆需事先测量好,并记录于DAFORM5787-R射距相对位置表上,以便随时查询。DAFORM5787-R表事先已画好180°的半圆,以等距标示不同间距,狙击手可以用等高线标明其位置,亦可直接画上物件,于不同距离上注明其光源、风向、风速,以及与狙击手所在位置的相对方位角与直线距离(亦即射

山丘、建筑物附近的风向会因受阻挡而改变,因此针对大型物件周遭风向修正便需特别注意;另外,河流、池塘等水源地所产生的雾气会对瞄准产生影响,灯光、烧燃火堆周围所产生的投影偏差也会造成射击时的估算误差。

为求精准,所有物件的位置、相对

击距离），完成DAFORM5787-R表后，射击准备已算完成，便可进入第三个的阶段，即DAFORM5788-R军用座标记录图。

DAFORM5788-R军用座标记录图主要是配合军事地图的等高线，它以图像表示任务目标区内重要的标的物、地形、地物与地貌，并于两侧加以文字注解说明，以辅助狙击手在进行目标搜寻时，方便快速地定点搜寻，并可依此研判目标可行进方向、预计行进路线与脱逃路线。若是在目标的预测路线上事先规划，则可使用的备用方案与整体计划便可有较为宏观的规划与设计，在任务的执行上也会多几分达成的希望。而野外观察的重点，即在于让狙击手在整个观察过程中培养信心、增强对目标动态的了解以及行动计划与执行细节的设计规划上。

在进行长时期的野外观察时，狙击手本身所在的位置即可视为一个小阵地，可在未经伪装的一块空地或自然掩蔽物的下方设立。但为求不暴露自身的位置与方便长时期观察，狙击手一般都会将其设计成一个伪装与掩蔽良好的观察阵地，不论是装备的堆放还是人员的休息

第四章　狙击手的基本知识

处所，都预留了良好的地方，重要的是使狙击手在长时期潜伏式的观察后，仍能保留足够的体力与精神执行任务。在一般的条件状况下，阵地都会采以卧姿的阵地，除利于长期观察外，方便伪装、不易被发现与构建过程简单容易也是几大原因。通常阵地的大小宽约3米，高度大约在1米左右；通常会有两处伪装良好的开口，一处较大的开口是供人员进出之用，另一处较小者则是供观察与出枪射击之用。这样大小的阵地可以供2名狙击人员以轮班的方式，对目标区进行长时间的轮流监看，当1员监看时，另1名则休息、用餐与保养装备。观察用开口需以小台阶架起，方便狙击手以卧姿进行观察时，肘部可以有所依托，上半身也可因此而不致于过于劳累，以方便进行长时间的观察。

另外在观察点的选择上，除了要考虑对目标区的监看方便外，其本身的隐密性、周遭条件的配合性（例如水源的取得与进出路线的安排）、与降落区的距离、距离主要道路的位置、下雨时阵地是否仍能保持干燥、会不会积水、天气炎热时能否保持凉爽，以及对任务完成的助益多少，亦需多加注意。

不破坏周遭环境、尽量与环境融为一体，是伪装的最高指导原则，能不使用人工的物体就尽量不

要用，尽量使用天然的树枝、草叶、植被与岩块，最好是利用天然的涵洞、岩缝、空心树干与树根空间等位置。在完成地点的选择与伪装布置后，进入阵地开始进行观察前的最后一个动作，便是在周遭撒上催泪瓦斯粉，以防止野生动物接近，而导致暴露阵地位置或对狙击手造成伤害，导致任务无法完成。当然前面提到的野外求生、野外观察与行迹追踪、地图判读、情报收集与分析解读、进行渗透与撤离路线安排、诡雷架设与反爆拆除、作战计划拟定与通讯协定等技术，亦是狙击手养成过程中不可或缺的专业技能。

出于任务执行上的考量，狙击手通常是以单兵或2人组进行孤独而漫长的狙击任务，在任务进行全程中，生理与心理状况的自我调适，也是狙击手养成过程中不可或缺的一环。而这些基本训练完成之后，以数十万发射击经验所累积的实力展现，往往是在经过一周的埋伏与观察之后的一声枪响；枪响之后，还得再经过数天的长程跋涉回到基地，转而进行另一个任务，而那又将是一个无限循环的噩梦。

第五章 世界著名狙击手

>>>

直到今天,关于狙击手的起源仍然有很多不同意见。但如果我们暂时将其起源问题抛到一边,仅看狙击手本身的贡献,我们会发现狙击手已经成为今天特种战斗行动中不可或缺的重要角色。狙击手常常是特种战斗行动决定性的关键因素,甚至,一名出色的狙击手的行动本身,就可能是一次特种作战的全部。狙击手首先应当是百步穿杨、弹无虚发的神枪手,以至在有些不正式的场合中,人们也把狙击手称作神枪手。枪炮诞生以来的无数次大大小小的战争中,狙击手层出不穷,其中有些成绩斐然的狙击手闻名世界。每个国家基本上都有其出色的狙击手,他们凭借精湛的技艺获得了世界的瞩目,也在战争史上增添了华丽的色彩。他们不光是在过去的战争中发挥了巨大的作用,在今天的高科技战争中,他们的地位同样重要,我们有理由相信,未来战争中狙击手的表现仍然将同样精彩。

第五章　世界著名狙击手

中国狙击手张桃芳

张桃芳，1931年出生，江苏兴化人，郑板桥的同乡。他的童年时代正赶上日军侵华战争。那时，附近的日军隔三差五就要来村里杀人放火，但勇敢朴实的农民并没有被吓倒。鬼子每次要来村里祸害时，他们就杀鸡，将鸡血泼在鬼子的必经之路上。令张桃芳不解的是，平日里看似凶神恶煞的鬼子见到鸡血便顿时没了气焰，作恶取乐的兴致大减。张桃芳从中悟出了一个道理：看起来凶残的敌人其实非常胆怯。

抗日战争胜利后，张桃芳当上了儿童团团长，手下有五六百个儿童团员。1947年还乡团反攻，将抓住的儿童团副团长毒打致死，又四处通缉张桃芳。当时，张桃芳就在旁边的田里悠然自得地给人放牛。16岁的张桃芳心里充满了对敌人的不屑："就凭你们还想抓住我？"

在抗美援朝的英雄史册上，中国人民志愿军用自己的血肉之躯谱写了一曲曲英雄的赞歌，刷新着现代战争史上从没有过的记录，编织着一个个惊心动魄的故事。这个年仅22岁的年轻战士，志愿军214团8连狙击手张桃芳，在金化郡上甘岭狙击战中，用442发子弹，歼敌214名，创造了朝鲜前线我军冷枪杀敌的最高记录。

张桃芳的军龄很短，年龄也不大。1951年3月，19岁的他自愿报

科普知识博览
Ke Pu Zhi Shi Bo Lan

名参加中国人民志愿军，1952年9月随部队进入朝鲜战场，1953年1月中旬到一线阵地，而这时距朝鲜停战只有半年多的时间了。要练就一手好枪法靠的是勤奋和锻炼，成就一名优秀的狙击手则靠的是勤奋加才华，而要成为一名狙击英雄，在很大程度上就要靠天分了。张桃芳称得上是天生的狙击手，天分加勤奋，使他成为了一名狙击英雄。

张桃芳所在连队据守的阵地，是上甘岭战役中英雄黄继光牺牲的597.9高地。自从进入阵地的那一刻，这位年轻战士就对狙击手的行当入了迷。闲暇功夫，他不是向老狙击手请教射击要领，就是端着步枪瞄个不停。因而当他真正成为一名狙击手时，很快就进入了角色，第二次参加狙击作战就击毙一名美国兵。此后40多天的时间里，他用240发

兵器百科——枪械

第五章　世界著名狙击手

子弹，毙伤了71个敌人，成为全连一号狙击手。

连里的干部发现张桃芳是一名可造之材后，立刻选送他到团里举办的射击训练班深造。在训练班中，他与其他狙击手们相互交流体会，经验和技术又进一步。训练班结束，团长亲自考核射手们的枪法。轮到张桃芳时，他没有打靶子，却五枪打落四只飞鸟，让所有人惊叹不已。回到阵地之后，张桃芳更是一发不可收拾，每次出战均有斩获，很快闯过了毙敌100名的大关，在志愿军的狙击手中崭露头角。他的事迹也上了报纸，在战友中间广为传诵。不过，对张桃芳狙击技艺最大的肯定，还是来自敌人方面。尽管不知道张桃芳是何许人，但597.9高地有位志愿军狙击手，枪法如神，对面阵地上的美国兵们却一清二楚，也恨之入骨，专门调来了狙击手，决意要拔掉张桃芳这个眼中钉、肉中刺。这就引出了一场两位世界顶尖狙击手之间的精彩对决。

1953年初夏的一天，天气晴朗，万里无云，张桃芳照例一早就上了阵地。他刚沿着交通沟走进三号狙击台，就有一串机枪子弹贴着头皮飞过。张桃芳脑袋一缩，趴在了交通沟里，神经陡然紧张，感觉到了一种异样的气氛。"今天苗头不对，看来对面有人在等着我。"

交通沟里丢着一顶破钢盔，张桃芳顺手拾来，用步枪将它顶起露出交通沟。以前他曾多次用这种方法引诱对手暴露位置。可这次钢盔晃了半天，他的对手却一枪未发，显然也是一位经验丰富的射手。

"总算遇到对手了，这种小把戏糊弄不了他。"张桃芳暗道。他在交通沟里匍匐前进，到了交通沟尽头，突然蹿起，几个箭步穿过一段小空地。他刚要进狙击台，对面的机枪又是一个点射，子弹紧追着他的脚跟，打得地面尘土飞扬。张桃芳双手一伸，身子一斜，像被击中似地摔进了狙击台左边的掩体里。这个假动作显然蒙骗了对面的射手，他暂时停止了射击。张桃芳慢慢地从掩体里探出头，开始搜索对面阵地。他先仔细观察了美军阵地上的机枪掩体，发现有两挺机枪正向其他方向射击。张桃芳没有出枪，因为他明白，这在某种程度上是诱饵。真正的对手肯定躲在其他地方，也在搜寻他的位置。只要他一开枪，马上就会引来杀身之祸。张桃芳很清楚，自己此刻的目标只有一个，就是对面那个最狡猾也是最可怕的对手。

他耐心地等待着，搜索着。终于在对面山头上两块紧挨着的岩石

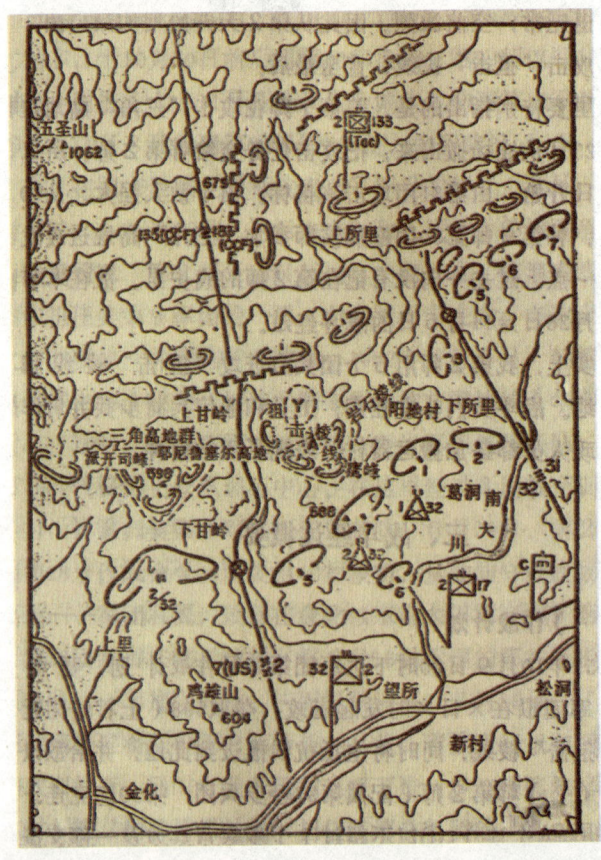

第五章 世界著名狙击手

缝隙中发现了对手。张桃芳立即出枪，将枪口对准了对手的脑袋。然而就在他要扣动扳机的一刹那，他的对手也发现了他，脑袋一偏，脱离了张桃芳的枪口，紧接着手中的机枪就吐出了火舌！张桃芳再次被压制在掩体内。这一次，他的对手显然也意识到了他的厉害，机枪口始终对准了张桃芳的狙击台，几秒钟就是一个点射。张桃芳稍微露头，立即就会引来一个长点射。张桃芳没有着急，坐在掩体后面，静静地观察着对手的弹着点。

过了很长时间，他忽然发现对手似乎把注意力主要集中在了狙击台左侧，也就是他现在所待的位置，而对狙击台右侧打的次数并不多，而且中间常常会有一个间隙。他在砂袋的掩护下，慢慢地爬到了狙击台右侧，轻轻地把步枪紧贴着砂袋伸了出去，但没有开枪，因为他需要判定这究竟是对手的真正疏漏，还是设下的一个圈套。

他足足等了十多分钟。机枪的弹着点表明，他的对手的确没有发现他已变换了位置。时机终于到了！

兵器百科——枪械

科普知识博览

当他的对手刚刚对狙击台右侧打了一个点射,把视线和枪口转向左侧时,张桃芳猛地站起身,枪托抵肩,即刻击发。几乎与此同时,他的对手也发现了张桃芳,立即转动枪口扣动了扳机。高手对决,胜负只在瞬间。张桃芳的子弹比对手快了零点几秒。就是这零点几秒,决定了两位的结果。当张桃芳的子弹穿过对手的头颅时,对手点射的子弹却贴着张桃芳的头皮飞了过去。

到1953年5月初为止,张桃芳在3个多月的时间里,以442发子弹,毙伤214个敌人,创造了志愿军狙击手单人战绩的最高记录,

他也因此而荣获志愿军"特等功臣"、"二级英雄"称号,并被朝鲜民主主义人民共和国授予一级国旗勋章。

毛泽东在志愿军入朝参战前,曾对志愿军在朝鲜战场的战略战术指导思想作了这样的形象描述:"你打你的,我打我的。你打原子弹,我打手榴弹。抓住弱点跟着你,最后打败你。"这段话以最通俗的语言,阐明了最深奥的战争理论,同时也道出志愿军在朝鲜战场以劣势装备战胜绝对优势装备的美国军队的奥秘。

同样,志愿军冷枪冷炮运动所体现的也是这种克敌制胜的战争指

第五章　世界著名狙击手

广大群众的无穷创造力,志愿军将各种似乎已落伍的兵器予以灵活组合,进而赋予其有效的战术,演出了一幕世界战争史上最匪夷所思的狙击作战。它无法决定战争的进程,但与志愿军所创造出的其他阵地防御作战手段结合后,却产生出巨大的威力,为志愿军夺取战场主动权进而夺取抗美援朝战争的最后胜利,建立了不可磨灭的功勋。

从1952年5月到1953年7月,志愿军在冷枪冷炮运动中共毙伤"联合国军"和韩军5.2万余人。这一辉煌的战绩足以使志愿军的狙击手们的名字载入世界战争的史册。

导思想。虽然装备的劣势使志愿军在阵地对峙作战初期处于下风,可就是凭着这种自信、灵活和来源于

知识百花园

上甘岭战役

上甘岭,本是朝鲜中部金化郡五圣山南麓一个只有十余户人家的小村庄,却在经过1952年10月14日开始的一场激烈争夺战后名扬天下。中国人民志愿军在此所取得的辉煌胜利,使得上甘岭成为了战争史上的一座丰碑!

上甘岭战役是朝鲜战争后期僵持阶段的一次主要战役,英文称为Battle of Triangle Hill。战役由美国第9军发动,以争夺朝鲜中部金化郡五圣山南麓村庄上甘岭及其附近地区的控制权为主要目的,属于联合国军"金化攻势"(Operation Showdown)的一部分,此战在中美两国都产生了深远的影响。

交战双方先后动用兵力达十万余人,反复争夺43天,作战规模由战斗发展成为战役,其激烈程度是战争史上罕见的。联合国军炮兵和航空兵对两山头共发射炮弹190余万发,投炸弹5000余枚,把总面积不足4平方公里的两高地的土石炸松1~2米。志愿军防守部队贯彻"坚守防御、寸土必争"的作战方针,依托坑道工事,坚决抗击联合国军的进攻,先后打退敌人900次进攻。联合国军伤亡25498人,伤亡率在40%以上;志愿军伤亡11529人,伤亡率在20%以上。联合国军伤亡率和日平均伤亡数对美国人来说是个可怕的数字,因为此前他们在战争中的最高伤亡率是太平洋战争中的硫磺岛战役,但也只有32.6%。战争史上一般把11月25日作为上甘岭战役的结束之日。

第五章 世界著名狙击手

澳大利亚狙击手沈比利

沈比利于1886年3月2日出生在昆士兰州中部的一个采矿小镇克勒蒙特（Clermont），为中英混血，父亲为John Sing（上海人），母亲为Mary Anne Sing（婚前姓为Pugh）。一战爆发前沈比利赶过大车，砍过甘蔗，干过农活。服役前他在昆士兰州中部就以枪法出众而闻名。他小时候就可以用22口径的步枪在25码（约23米）之外打断小猪的尾巴。他不但是普罗瑟潘（Proserpine）射击俱乐部的会员，在家乡克勒蒙特还是一个有名的袋鼠猎手。

当然，沈比利也搞不懂自己精准的枪法是不是有华人血缘的因素。他父亲沈约翰生于上海，赴澳前在上海是一名郊区菜农，母亲玛丽安是一名护士。沈比利在小学二年级时曾得到学校发的优良证书，教育

部的调查报告里说他"聪明伶俐、有教养"。

1914年10月24日,一战爆发两个月后,28岁的沈比利于普罗瑟潘加入了澳大利亚远征军,隶属第5轻装骑兵团。他当时未婚,身高5英尺5英寸(合1.65米),体重141磅(合64千克),肤色黝黑。当时沈比利的父亲已经去世,他参军也可能是为了养活家人。参军后他来到昆士兰州首府布里斯本并在那接受了军事训练。沈比利和他许多的战友一样,是在澳大利亚辽阔的原野上和马匹一起长大的。他们战前的职业使得他们骑术精良、目光犀利、测距准确、擅长捕捉离群的牲口并有着一手好枪法。

1914年圣诞节的五天前,沈比利所属的第5轻装骑兵团的官兵乘船离开了澳大利亚,驶往一战前线。

第五章　世界著名狙击手

他们在抵达埃及并短暂停留后，于1915年5月16日向达达尼尔海峡的加里波利海滩进发。沈比利在抵达欧洲加里波利半岛后被派驻到了临海的波尔顿岭，狙击点设在岭上一个叫做切森高地的地方，对手是土耳其人。就是在这里，沈比利向世人展示了他惊人的狙击天赋。

狙击手并不像电影上演的那样瞄准了就开枪。除了懂得隐蔽自己之外，开枪时还得估算风力、风向、距离等因素。沈比利通常有一名观察员做他的助手，他们总是在黎明前的黑暗中进入狙击点，直至天完全黑了之后才撤离。这样他们在白天里就几乎不可能被人发觉。这种两人一组的战术在一战时还很少有人用，直到第二次世界大战时才被广泛应用。狙击手与观察员的角色有时是互换的，因为用望远镜观察时间久了眼睛会疲倦，视力也会下降。而且有人作伴，狙击手也不会感到寂寞。

战场上的对手接二连三地倒在了沈比利的枪口下，这消息像最新的球赛比分一样在盟军战壕里流传，起到了鼓舞士气的作用。1915年，沈比利的步枪使得许许多多的土耳其家庭丧夫失子，痛哭流涕。他的事迹不但登上了盟军战报，连伦敦的每日电讯报和美国的几家报纸也都有报导。这个澳大利亚的马车夫一时间名扬全球。沈比利在战场上的表现引起了加里波利前线英、法、澳、新、印联军总司令伯得伍德将军（W.R.Birdwood，

科普知识博览

后升元帅并被授于勋爵）及其他军官的注意，伯得伍德称沈比利为他"最心爱的狙击手"。

后来据沈比利的战友们回忆，"小个子，黑皮肤，上唇留八字须，下巴一撮山羊胡"的沈比利耐性特别好，可以长时间端枪瞄准而不感到疲倦。他还有一个特长就是视力特佳，别人用望远镜才能看清的东西他用肉眼就可看清。他用来狙击的是普通制式步枪，而且是不装瞄准镜的。

沈比利对自己的要求非常严格。总司令官伯得伍德将军曾有一次亲临沈比利的狙击掩体为他做观察员。沈比利瞄准之后开了一枪，结果正好一阵风刮过，将子弹吹偏了少许，打中了目标身边的另一个敌兵。旁边的伯得伍德将军欢呼："打中了！打中了！"沈比利却平静地说："我瞄准的不是倒下的那个，所以这一枪不能算。"

第五章 世界著名狙击手

恨,他认为自己只是尽忠职守而已,所以当美国合众社记者于1915年底采访他时,他说道:"我对杀人这件事并不感到内疚,因为土耳其人一直也想把我干掉,只不过让我占了上风。略微让我感到遗憾的是:对手不是德国人而是土耳其人。因为我觉得土耳其人也都是好汉,他们打起仗来十分勇敢。"

1915年5月至9月,仅在加里波利战役不到4个月的时间里,他经观察手证实的狙杀成果为150人,因此被授予大英帝国杰出贡献勋章(DCM)。加上他独自行动时未列入统计的收获,伯得伍德将军在1915年10月对沈比利通报嘉奖时将他的狙击成果认定为201人,英美报纸在刊登他的事迹时写的也是201人。

尽管沈比利杀了那么多的土耳其人,但其实他心中对敌人并没有太多的仇

细想一下,一个澳大利亚马车夫和一个土耳其庄稼汉之间也确实是不会有什么深仇大恨的。在沈比利的眼里,土耳其军掩体后的

兵器百科——枪械

人头可能和澳大利亚丛林里的袋鼠头没有什么分别,整个战争只是一场大规模的狩猎游戏而已。因为他在1915年5月至9月于加里波利战场的出色狙击成果,沈比利于1916年1月1日被授予大英帝国军功章里仅次于维多利亚十字(VictoriaCross,VC)的杰出行为勋章(DCM)。

盟军从加里波利撤离后,沈比利从第5轻装骑兵团转到第31步兵营,他随着部队又转战四方。服役记录上记载他在1915、1917、1918年分别中过三次枪伤,受过至少一次毒气,双腿曾被炮弹碎片击伤,得过流行性腮腺炎、流感、痔疮、肌肉疼痛和风湿性关节炎等多种病症,而且旧伤也不时发作,以致于住院对他来说成了家常便饭。

在疗伤期间他曾去过苏格兰,在那儿他认识了21岁的饭店女招待伊丽莎白,两人于1917年6月29日在爱丁堡结婚。时年,沈比利31岁,比新娘大10岁。婚后沈比利又返回部队继续战斗,可惜的是他的狙杀记录自加里波利后就没有被保存下来,但有资料显示1917年9月,他曾率领一支小分队在西线比

第五章 世界著名狙击手

利时一个叫 Polygon Wood 的战场成功地消灭了小股德军狙击手,为此盟军司令部对他加以通报嘉奖,Toll 中校曾为他请发军事勋章(Military Medal)但未获批准。比利时政府于 1918 年 1 月 19 日授予他战争十字勋章。

一战末期,沈比利于 1918 年 9 月 20 日回到澳大利亚的墨尔本。第一次世界大战于 1918 年 11 月 11 日结束,12 天后沈比利于布里斯本退役,从耀眼的神枪手重归平民生涯。当他于年底返回家乡时,普罗瑟潘的乡亲们在乐队的伴奏下将他从火车站一路接到市政厅,并在那儿举行了盛大的欢迎仪式,当地的头面人物也登台致辞,对这位勇士所取得的成就表示祝贺。此后的大部分时间里,他以淘金为

生,人们也看到了他在战场上较少展现的豁达、乐观、敏捷和幽默。

1943 年 5 月 19 日清晨 7 :20,年仅 57 岁的沈比利被人发现死在他租住的廉价旅馆里,身上还穿着睡衣,死因是动脉血管破裂。在他的房间里,人们只找到了 5 个先令,他的财产还包括未发的工钱 6 英镑

10 先令 8 便士,和在米克里尔矿区的一所屋子,价值 20 英镑,总计 26 镑 15 先令 8 便士。这位曾经一度名满天下的王牌狙击手就这样孤零零地告别了人间。

兵器百科——枪械　169

芬兰狙击手西蒙

1938年4月纳粹德国入侵奥地利后，苏联多次以维护西北边界和列宁格勒的安全为由，要求同芬兰交换领土和租借军事基地。1939年11月9日双方谈判彻底破裂。11月28日，苏联宣布芬军在边境挑衅，决定单方面废除1932年缔结的《苏芬互不侵犯条约》，次日中断了两国外交关系。于是在二战正式打响之后，即1939年11月30日，苏联向只有400多万人口的小国芬兰发动了突然袭击。苏军以20个师（45万人）、2000辆战车和1000余架作战飞机开始向芬兰发起全线进攻，

第五章　世界著名狙击手

宣布在其占领区帖里约基成立了以库西宁（1881—1964年）为首的芬兰民主政府，声称红军是应政府要求越过边界的。芬军在力量对比不利的情况下，凭借1927—1939年在卡累利阿地峡修建的"曼纳海姆防线"的坚固工事，利用严寒和沼泽森林的有利地形，展开反击战、阵地战和消耗性围歼战。因此苏军除在北冰洋的贝柴摩和萨拉地区进展较快外，在卡累利阿地峡和拉多加湖一带伤亡较大，对芬军主阵地久攻不克。1940年1月，苏军重新组织攻势，总兵力增加到46个师，于2月11日以密集烟火和重型坦克在地峡发动总攻，空军对芬兰后方城市和交通线进行了狂轰猛炸，14日突破曼纳海姆防线，芬军于2月26日退守维堡一线。战争一直延续到3月，苏联面对芬军顽强的抵抗，不得不抛弃库西宁政府，芬兰政府也因弹尽粮绝只得接受苏联的媾和条件。3月13日，两国经瑞典调停在莫斯科签定了和平协定，芬

兰将其东南部包括维堡（芬兰第三大城市，重要工业中心和塞马运河出海口）在内的卡累利阿地峡、萨拉地区和芬兰湾的大部分岛屿割让给苏联，并把汉科港租给苏联30

年。由于整个战争是在冬季严寒中进行的,所以史家称之为"冬战"。

也就是在这场战争中,狙击手第一次被人们所重视,芬兰这个小国面对强大的苏联采取的"Motti战术"非常奏效。这种战术采取四处埋伏、突然袭击的办法,将敌军整个部队割裂开来,形成小的包围圈,切断敌军和其他部队的一切通信联系,接着集中力量消灭敌方的指挥中枢。芬兰人非常懂得利用地形地貌等自然条件,以小股步兵兵力实施机动作战并善于伪装,使苏军遭受了重大损失。他们以两人为一组,一人为射手,一人为观察员,主要袭击敌指挥官、通信员、观察员和侦察员,有时也在发现撤退的苏军小部队后,偷袭他们的前哨或后卫。当时向苏军发起突然袭击的芬兰士兵用的就是仿苏联的"莫辛－纳甘"（Mosin—Nagant）步枪。

从1939年到1940年冬天的这段时间里,芬兰狙击手可谓是苏联红军的噩梦,脚蹬滑雪板、身披白风衣的芬兰狙击手在大雪封锁了一切道路之时,却可以悄无声息地来去自如。而在雪和泥泞中挣扎前进的苏联红军则成了这些人的活靶子。芬兰三五个狙击手经常可以把小股纵队行军的苏联车队全部消灭,而自身毫无伤亡。即使趴在雪地上,苏军也逃不过狙击手迅速而准确的射击。只要脑袋一探出地面,用不了30秒,就可能永远离开人世。有

第五章　世界著名狙击手

兰狙击手追求的最高境界是百发百中据统计,二战时平均每杀死一名士兵需要2.5万发子弹。越战时平均每杀死一名士兵需20万发子弹,然而同时期的一名芬兰狙击手却平均只需1.3发。这是一个多么悬殊的数字对比!

的胆小鬼士兵不敢抬头,趴在地面上,只顾低着头扫射,结果屁股上就被打出个对穿的窟窿。在1939年的苏芬战争中,英勇的芬兰狙击手们的神出鬼没和精准的射术,使苏联士兵宛如生活在地狱中,时刻担惊受怕。最恐怖的情形出现在野外宿营的夜晚,曾有红军在围着篝火取暖时,被躲在黑暗中的芬兰狙击手挨个瞄准射击。而受冻挨饿的红军战士看着战友们一个个倒下竟无动于衷,因为他们对能活到天亮根本已经绝望了。

在这场以弱抗强的战争中,芬

芬兰狙击手中最厉害的当数西蒙·海耶（Simo Hayha）。西蒙·海耶出生于一个名为Rautjarvi的小镇,他1925年加入军队,在"冬战"（苏联与芬兰之间的战争）中开始了他的狙击手生涯。在战争中被确认击毙的苏联红军人员共有505人是出自他手,另有非官方的统计指出他的战果为 542 人。除此之外，他还用 M-31SMG 轻机枪杀了近 200 人，从而将他的杀敌人数提升到了 705 人。这是在他受伤前 100 天内所缔造出来的惊人战果，平均一天杀敌超过 5 人。由于芬兰的冬天早上时间较短，因此也可以说他在有日光时每小时狙杀一名敌军。

西蒙·海耶参加的是芬兰陆军的滑雪部队。他是专业猎人出身，对于山林的地理环境非常熟悉。他常身穿跟雪一样白的伪装服，滑着雪橇在大雪封路的荒郊野外来去自如。而在一片雪白的环境下，穿着笨笨的棕褐色制服、在雪地中辛苦跋涉的苏联红军士兵则是最明显不过的目标了。西蒙·海耶使用的虽然是从帝俄时期沿用下来的莫辛-纳甘步枪，

第五章 世界著名狙击手

却能在700米外狙杀苏军，在苏军士兵中造成极大的恐惧，苏军都称他为"白色死神"。

由于西蒙·海耶在苏芬战争中的突出贡献，他被芬兰人民尊称为"民族英雄"。在他受伤前，红军曾尝试使用各种计划来除掉他，包括反狙击手以及火炮的攻击。他们最好的战绩就是使用榴弹炮损伤他身穿的外套，却没有伤到他本人。1940年，西蒙·海耶在一场近战中被击中下颚，子弹向上贯穿了他的左脑。他被后方的士兵救起，该名士兵宣称：他将近一半的头部都不见了。数月之后，海耶奇迹般地复原。在战后，他马上从一等兵晋升到少尉，在芬兰的军队中还从未有人晋升中此之快。

美国狙击手查克

查克·马威尼被认为是越南战争中美军第一狙击手,有多达319人死在他的手里。他的射击技术使他成为现在全世界警察竞相学习的对象,但是,越战结束几十年了,却没有几个人清楚知道这位第一冷血杀手死亡与毁灭的传奇人生。

据看过查克·马威尼的人描述,他看上去根本不像一个杀了319人的"冷血杀手"。他身材高大瘦削,笑起来还有些天真,与温柔贤惠的妻子罗宾和三个活泼可爱的儿子生活在一起。马威尼的妻子罗宾是学校的一个秘书,她也十分擅长射击,还是一个打猎迷。在他们家里,有一间分隔出来的房子,里面养了一大堆小动物。但是,在这种安逸舒适的家庭生活背后,却隐藏着一件不幸的事,查克·马威尼是一个狙击手。在越南战争那段令人难忘的日子里,他完成了大量狙击任务,是越战中最好的狙击手,也是世界上最好的狙击手。在越南战争中,他被称作最有效的"单兵杀人机器"。后来,他金盆洗手,重

第五章　世界著名狙击手

新过起了正常人的生活，当了一名护林人员。在退役后的30年里，他一直对自己的过去保持沉默，这并不是因为他对以前所做的一切感到惭愧，而是认为，不会有人对这些东西感兴趣。

查克·马威尼的父亲查尔斯·马威尼似乎天生就属于狙击手这个行业，他是二战时期美国陆战队的一名神射手。小马威尼6岁时，就能够使用他的玩具手枪准确射中目标，还能够射中30米以外的花园栅栏上的昆虫。对于一般人来说，就是看到10米以外的昆虫都已经是十分困难的事情了，更别说拿枪把它打下来了。

马威尼高中毕业后成为了一名陆战队队员，被选送到了加利福尼亚州彭德尔顿兵营的侦察兵狙击手学校接受培训。在彭德尔顿兵营的

一面墙上,写着一句中国的成语:杀一儆百。另外,从这个学校毕业的陆战队队员都会得到一本红色的小册子《狙击手完全手册》。手册的扉页上赫然印着:杀人有理。

1968年初,18岁的列兵马威尼来到了越南。此时越南战争正进行到最残酷最血腥的阶段。退役的射击军士长马克·森皮克是马威尼在越南服役时所在班的班长,他后来回忆起马威尼的枪法时,眼中还闪着亮光:"他可以不停地跑半英里,站住后马上射击,还可以随时举枪射击。700码远的人,被他一枪就

撂倒了,简直太神奇了!"他说,有一次马威尼在一条河的河岸接连打死了16个对方的士兵。

战后,马威尼建议并帮助警察部队建立了一个狙击手小队,与此同时,他还与一位记者朋友合写了一本书,名为《30年的沉默》。此外,他还在彭德尔顿兵营侦察兵狙击手学校发表演讲。马威尼对自己的工作很感兴趣,他说:"我相信我们的军队。现在,狙击手的工作比以往任何时候都要重要,一旦先遣部队冲了上去,那么狙击手就是他们的唯一保护者。"

随着时间的推移,马威尼对于打猎的看法已经发生了变化,他说:"我真的不想再伤害动物的生命了,我只喜欢与孩子们一起出去走走,他们经常会打下足够多的动物来分享。如果早些年,我或许会对打猎充满兴趣,但是现在,我只想看看动物,而不想去杀害它们了。"

第五章　世界著名狙击手

伊拉克反美狙击手朱巴

伊拉克战争期间，在首都巴格达一条繁忙的街道上，一群美军士兵正在执行检查任务。离他们不远处，停着一辆担任警戒任务的装甲车，一名炮手在装甲车的炮塔中，警惕地观察着周围的一切。这名炮手没有注意到——也不可能注意到——他们正成为别人锁定的目标。在几百米外的一座平房的房顶上，一名黑巾蒙面的伊拉克反美武装狙击手，正通过手中狙击步枪的瞄准镜观察着美军的一举一动。在这名狙击手旁边，趴着他的观察员。通过望远镜，这名观察员注意到，有很多伊拉克人在这群美军士兵的周围走来走去，这显然给同伴的射击造成了麻烦。

"有很多伊拉克人在他们周围，"这名观察员对他的同伴说，"咱们需要换个地方吗？""不，稍等片刻。"狙击手说完，屏住呼吸，扣动了扳机，一颗子弹从枪口呼啸而出。观察员看到，美军装甲车上的那名炮手被这颗子弹击中，他身子向前一倒，随即在炮塔上一动不动。

完成致命一击的狙击手低声欢

呼。"我的枪中有九颗子弹,我要杀九个美国人。"

上述场景是伊拉克反美武装"伊斯兰军"新近散发的一盘VCD光碟中的录像片段。录像中的蒙面狙击手,就是伊拉克反美武装中大名鼎鼎的朱巴。

2005年,朱巴首次跃入人们的视线。当时,"伊斯兰军"散发了一盘名为《狙击手朱巴》的VCD,展示了一名叫朱巴的蒙面狙击手在巴格达狙杀美军的录像片断。在录像中,这名狙击手自称已经狙杀了37名美军士兵,还发表长篇大论,描述了一名优秀的狙击手必备的技能——镇定、注意力以及最重要的一点——对真主忠诚。一时间,狙击手朱巴成了伊拉克反美武装中的偶像人物,更成为一些仇视美军的普通伊拉克民众心目中的传奇英雄。

一年后,伊拉克人再次听到了朱巴的消息。10月底,"伊斯兰军"又散发了至少两个不同VCD版本的有关朱巴的录像片断,一个版本名为《朱巴:巴格达狙击手2006》,另一个版本名为《朱巴归来》。在前一个版本中,一开始就是朱巴的一段独白:"我的枪中有9颗子弹,我要杀9个美国人,作为给乔治.W.布什的礼物。"独白之后,就是朱巴狙杀那名美军炮手的录像,之后还有8段不同的美军士兵被狙杀的录像。这似乎表明,朱巴言行必果——完成了他"九颗子弹、一枪一命"的

第五章　世界著名狙击手

承诺。

此次"朱巴归来",不仅发布了新版本的VCD,还在美国一个著名的网站上建立了自己的博客。据报道,朱巴在blogger.com上建立了一个名为"朱巴在线"的博客,经常发布日志,记录其狙杀美军士兵的经过。在其最新的一篇日志中,朱巴称他已经成功狙杀了130多名美军士兵。目前,已经有超过3.3万人访问过他的博客。

暂且不论狙击手朱巴的故事是否真实,"朱巴"这个名字确实已经成了伊拉克反美武装狙击手的代称。

反美武装宣称,他们已经建立了专门的狙击部队,演练在城市中进行狙击战的战术,而美国著名狙击手约翰·普拉斯特所著的《终极狙击手》一书则成了他们的教材。

普拉斯特曾是美国海军陆战队的少校,曾在越战期间多次到越南、老挝和柬埔寨执行绝密狙击任务。他在《终极狙击手》一书中详细介绍了自己作为狙击手的训练方法和成功战例。此书被业内人士奉为"军、警、民狙击手的权威教材"。一部分反美武装的狙击手们使用被誉为"红色枪王"的俄制"德拉贡诺夫"SVD

狙击步枪，大部分人则使用伊拉克本国生产的"塔布克"狙击步枪。他们通常两人一组，出其不意地对美军士兵进行远距离射杀，但也有"孤胆英雄"独自行动。不久前，美军捕获了一名反美武装狙击手，发现这名狙击手竟然把一辆小轿车改装成了移动的"狙击隐蔽所"。这辆小轿车的后备厢处被开了一个洞作为枪孔，后挡风玻璃处装了一架摄像机用于观察目标，而车中的其他地方塞满了厚厚的垫子，以隔绝狙击步枪开火的声音。

反美武装的"朱巴"们已经成了驻伊美军的梦魇。自2003年发动伊拉克战争至今，驻伊美军有近3000名士兵阵亡，其中272人死于"小型武器火力"，另有425人死于"不明敌方火力"，其中，相当一部分是反美武装狙击手造成的。

为了对付反美武装的狙击手，驻伊美军有针对性地加强了反狙击作战，而其中最有效的战术就是"以狙制狙"，即用美军狙击手来击杀反美武装的狙击手。美国陆军第20步兵团5营B连的兰德尔·戴维斯就

第五章　世界著名狙击手

是一名击杀过多名反美武装狙击手的美军狙击手。

一天傍晚，B连在巴格达以北的萨迈拉展开搜索行动，戴维斯携带着一支装有光学和红外瞄准器的M14步枪，在一座房子的房顶隐蔽下来，担任狙击掩护任务。几天来，美军一直遭受冷枪的袭击，他们推测这一带极可能有伊拉克狙击手在活动。

突然，一个人影出现在300米外的一个房顶上。通过瞄准镜，戴维斯仔细观察着此人的一举一动，只见对方一会儿藏身在房顶的阴影中，一会儿又沿着房檐匍匐爬行，并且在隐蔽处向远处街道上的美军士兵张望。戴维斯断定此人就是他要寻找的那名伊拉克狙击手："如果是普通人，他们上房顶之后会很随意地四处走，很自然地做他们要做的事，

而那个家伙在房顶上蹑手蹑脚，一直试图藏身于阴影中。"戴维斯知道，这名伊拉克狙击手正在寻找"猎物"——街道上的美军士兵，但是他并没有立即开火，只是把那名狙击手牢牢锁定在瞄准镜中，静静地等待时机。没过多久，戴维斯等待的时机来了：那名伊拉克狙击手从房顶的阴影中闪出身来，从腰间拿起一把步枪，似乎准备瞄准某个目标。这时，戴维斯的枪响了，子弹射入了那名伊拉克人的胸膛，他顿时向后栽倒，手中的步枪摔出去老远，身后的墙上溅满了血迹。

这是一天内戴维斯射杀的第8名伊拉克武装人员，也是最令他兴奋的一个，因为对方也是一名狙击手。"作为一名狙击手，被对方的狙击手射杀无疑是一种职业上的耻辱。"戴维斯说。他承认，杀人终

归是一件让人不舒服的事情，但是用这种方式消灭战场上的敌人还是让他颇有成就感。"我只能这样理解战争——更致命更精确的打击才能减少平民伤亡。每打出一枪，我都知道子弹射向哪里！"戴维斯说。

美军的反狙击作战确实在一定程度上收到了成效，然而，并非所有的美军狙击手都能确切地知道他们的子弹射向何人。在驻伊美军与伊拉克反美武装的狙击对战中，伊拉克平民成了最大的受害者。在伊拉克，在靠近美军的地方使用手机是一件很危险的事，使用者往往会成为美军狙击手射杀的目标，因为他们往往会被认为是那些企图用手机引爆炸弹的反美武装人员。此外，拿着铁铲等工具在美军经常巡逻的公路上行走的路人也经常死于美军狙击手的枪下，因为他们手中的工具会被怀疑是用来掩埋路边炸弹的，而他们可能仅仅是农民或建筑工人。

狙击作战这一能够从远距离精准射杀对手的方式，不仅只在反美武装与驻伊美军之间大行其道，后来也出现在伊拉克的许多大大小小的教派冲突中。有人说，伊拉克人穷得只剩下枪了。这一方面揭示了伊拉克的普通民众拥有武器的数量之多，也从侧面显示出这场战争的残酷性。